30 Minuten
Social Selling

Denise Adomeit

Externe Links wurden bis zum Zeitpunkt der Drucklegung des Buches geprüft. Auf etwaige Änderungen zu einem späteren Zeitpunkt hat der Verlag keinen Einfluss. Eine Haftung des Verlags ist daher ausgeschlossen.

Bibliografische Information der Deutschen Nationalbibliothek. Die Deutsche Nationalbibliothek verzeichnet diese Publikation in der Deutschen Nationalbibliografie; detaillierte bibliografische Daten sind im Internet über http://dnb.d-nb.de abrufbar.

ISBN 978-3-96739-191-6

Umschlaggestaltung: Zerosoft, Timisoara (Rumänien)
Umschlagkonzept: Buddelschiff, Stuttgart | www.buddelschiff.de
Lektorat: Silke Martin, Kriftel
Autorenfoto: Robin Budniak, München
Satz und Layout: Zerosoft, Timisoara (Rumänien)
Druck und Bindung: Salzland Druck, Staßfurt

Ein Hinweis zu gendergerechter Sprache: Die Entscheidung, in welcher Form alle Geschlechter angesprochen werden, obliegt den jeweiligen Verfassenden.

Wir drucken in Deutschland.

www.gabal-verlag.de
www.gabal-magazin.de
www.twitter.com/gabalbuecher
www.facebook.com/gabalbuecher
www.instagram.com/gabalbuecher

PEFC
PEFC/04-31-2251

PEFC zertifiziert
Dieses Produkt stammt aus nachhaltig bewirtschafteten Wäldern und kontrollierten Quellen.

www.pefc.de

ÖKOLOGISCHE VERANTWORTUNG

Wir übernehmen Verantwortung! Ökologisch und sozial!

- Verzicht auf Plastik: kein Einschweißen der Bücher in Folie
- Nachhaltige Produktion: Verwendung von Papier aus nachhaltig bewirtschafteten Wäldern, PEFC-zertifiziert
- Stärkung des Wirtschaftsstandorts Deutschland: Herstellung und Druck in Deutschland

Wissen auf den Punkt gebracht

Dieses Buch ist so konzipiert, dass Sie in kurzer Zeit prägnante und fundierte Informationen aufnehmen können. Mithilfe eines Leitsystems werden Sie durch das Buch geführt. Es erlaubt Ihnen, innerhalb Ihres persönlichen Zeitkontingents (von 10 bis 30 Minuten) das Wesentliche zu erfassen.

Kurze Lesezeit

In 30 Minuten können Sie das ganze Buch lesen. Wenn Sie weniger Zeit haben, lesen Sie gezielt nur die Stellen, die für Sie wichtige Informationen beinhalten.

- Schlüsselfragen mit Seitenverweisen zu Beginn eines jeden Kapitels erlauben eine schnelle Orientierung: Sie blättern direkt zu dem Thema, das Sie besonders interessiert.
- **Zahlreiche Zusammenfassungen innerhalb der Kapitel erlauben das schnelle Querlesen.**
- Ein Fast Reader am Ende des Buches fasst alle wichtigen Aspekte zusammen.
- Ein Register erleichtert das Nachschlagen.

Inhalt

Vorwort von Martin Limbeck

„Es ist keine Frage mehr, ob du dich verändern musst. Die einzige Frage ist, ob du schnell genug sein wirst.“

Dieses Zitat von Cay von Fournier begleitet mich schon eine ganze Weile. Doch gerade in den letzten Jahren ist es mir immer wieder in den Sinn gekommen. Kein Wunder, denn der Vertrieb hat sich infolge von Digitalisierung, Pandemie und Wirtschaftskrise branchenübergreifend enorm verändert. Und damit haben sich auch die Anforderungen an Verkäufer gewandelt. Ich bin inzwischen seit mehr als 30 Jahren Unternehmer, meine ersten beruflichen Erfolge konnte ich jedoch als Verkäufer im Außendienst feiern. In den 80er- und frühen 90er-Jahren war das Thema Kaltakquise noch sehr simpel: Entweder hast du dir die „Gelben Seiten“ geschnappt, in Unternehmen angerufen und dich durchgefragt. Oder du bist direkt hingefahren und hast am Empfang versucht, dir mit Charme einen Termin beim Entscheider zu sichern.

Diese Methoden funktionieren heute auch noch. Doch um als Verkäufer langfristig erfolgreich zu sein, ist es ratsam, sich nicht nur auf einen Akquisekanal zu verlassen. Bei der Limbeck Group haben wir schon immer ein Auge fest auf die Zukunft gerichtet. So waren wir beispielsweise 2015 einer der Ersten am Markt mit einer Sales Online Academy, die 12.000 Verkäufer und Vertriebsführungskräfte erfolgreich durchlaufen haben. Es folgten erste Blended-Learning-Konzepte – und wir haben schon vor einigen Jahren damit begonnen, über die sozialen Medien Kontakte zu potenziellen Interessenten aufzubauen und auf diesem Weg Termine zu legen.

Was damals noch Neuland und für viele Kunden absolut überraschend war, ist heute eine feste Größe bei der Akquise: Social Selling. Ich habe damals viel ausprobiert und meine eigenen Strategien entwickelt, frei nach der Trial-and-Error-Methode. Denn Bücher wie das, das Sie gerade in der Hand halten, gab es zu dem Thema noch nicht.

In unseren Trainings erlebe ich immer wieder, dass viele Verkäufer auch heute noch deutlich Luft nach oben haben, wenn es ums Social Selling geht. Wo anfangen, welcher Kanal ist der richtige, wie häufig posten, was macht eine gute persönliche Nachricht aus und wie hake ich nach? Wenn jemand die Antworten auf all diese Fragen kennt, dann Denise Adomeit. Sie ist seit drei Jahren als Partnerin an Bord der Limbeck Group, absolute Social-Selling-Expertin und begeistert unsere Kunden mit ihrem Know-how.

Ich bin überzeugt davon: Mit diesem Buch und den zahlreichen Tipps und Beispielen von Denise Adomeit wird es Ihnen garantiert gelingen, eine Social-Selling-Strategie aufzusetzen, die zu Ihnen passt. Und die Sie zum Erfolg führt, wenn Sie konsequent und diszipliniert am Ball bleiben. Denn auch beim Social Selling gilt: Auf Dauer schlägt der Fleißige immer das Talent.

In diesem Sinne wünsche ich viel Spaß beim Lesen und Umsetzen … und Glück auf!

Martin Limbeck
Unternehmercoach, Bestsellerautor, Vertriebsexperte

Was ist an Social Selling *Social* und was *Selling*?

Seite 9

Was ist an Social Selling anders als an anderen Marketing- und Vertriebskonzepten?

Seite 11

Warum wird Social Selling als Vertriebs- und Marketinginstrument wichtiger?

Seite 14

1. Was ist Social Selling?

Social Media haben insbesondere durch die COVID-19-Pandemie auch im Businesskontext noch einmal einen zusätzlichen Schub erhalten und sind für die Marketingabteilungen und Vertriebsorganisationen vieler Unternehmen zu einem wichtigen Faktor ihrer Arbeit geworden.

Während Online-, Social-Media- und Digital-Marketing weiterhin nach den Prinzipien des klassischen Marketings funktionieren und auch die Leadgenerierung im Vertrieb nach den etablierten Verfahren und Prozessen erfolgt, scheint der Fall bei Social Selling anders zu liegen – obwohl es in den nächsten Jahren in Vertrieb und Marketing zunehmend wichtiger werden wird.

Worin liegt also die Besonderheit von Social Selling? Was ist daran *„Social“* und was *„Selling“*? Worin unterscheidet es sich von den Konzepten, Methoden und Tools der etablierten Marketing- und Vertriebsansätze? Welche Idee liegt ihm zugrunde und welche Ziele folgen daraus?

1.1 Der Versuch einer Definition

Viele Profis aus der Praxis, aber auch Akademiker mit einem eher wissenschaftlichen Zugang zum Thema scheinen sich einig zu sein: Social Selling hat großes Potenzial, was die Arbeit im und für den Vertrieb hinsichtlich einer effizienten Kundenakquise und der Steigerung von Umsatz und Profit betrifft.

Allerdings gibt es weder aus dem Vertrieb noch von akademischer Seite aus eine klare Definition des Begriffs Social Selling. Jeder Experte interpretiert Social Selling so, wie es für ihn passt.

Eine passende Kurzdefinition lautet so: **Social Selling bedeutet, dass Unternehmen Social Media nutzen, um Interessenten für ihr Angebot zu finden, um diese über Beziehungspflege zu Leads und Kunden zu machen und auf diese Weise definierte Vertriebsziele zu erreichen.**

Diverse Anknüpfungspunkte zu Vertrieb und Marketing

Social Selling umfasst dafür unterschiedliche Phasen (siehe Kapitel 2) und bedient sich verschiedener Marketing- und Vertriebskonzepte und -werkzeuge, vor allem

- Content Marketing,
- (Personal) Branding,
- Leadgenerierung und
- Influencer Marketing.

Es hat darüber hinaus auch Überschneidungen zu anderen Vertriebs- und Marketingkonzepten wie

- Sales Funnel,
- Customer Relationship Management (CRM),
- Customer Journey,
- Social Media Marketing,
- Direktmarketing und
- Digitales Marketing.

So gesehen verbindet Social Selling mehrere unterschiedliche Marketing- und Vertriebsansätze auf eine neue Weise, wobei der Aufbau von 1:1-Kontakten zu Interessenten und Leads im Sinne der Kundenbeziehungspflege im Mittelpunkt steht.

Eine allgemein in Lehre und Praxis akzeptierte Definition von Social Selling gibt es bisher nicht, weil es sich verschiedener schon vorhandener Vertriebs- und Marketingmethoden und -konzepte bedient. Bei zwei Kernelementen sind sich die meisten Akademiker und Praktiker allerdings einig: Social Seller nutzen Social Media, um Kontakte und Interessenten gezielt anzusprechen, eine Beziehung zu diesen aufzubauen, ihr Vertrauen zu gewinnen, um auf diese Weise Leads zu generieren – mit dem Ziel, zu den Vertriebszielen ihres Unternehmens beizutragen.

1.2 Die Idee hinter Social Selling und seine Ziele

Social Selling stellt die Kommunikation und den Beziehungsaufbau zu Interessenten in den Vordergrund, um frühzeitig ein Vertrauensverhältnis zwischen Unternehmen und späteren Kunden aufzubauen. Anders formuliert: Es geht zunächst vor allem darum, einen Interessenten mit seinen Problemen, Anliegen, Bedürfnissen und seinem Bedarf für sich zu gewinnen – und später erst den Kunden für das eigene Lösungsangebot.

Glaubwürdigkeit durch hochwertigen Content

Zudem ist es notwendig, hochwertigen Content mit Nutzen für die definierte Zielgruppe zu produzieren und zu teilen, um sich einen Expertenstatus für das jeweilige Thema zu erarbeiten und so die eigene (fachliche) Glaubwürdigkeit zu stärken. Und diese Glaubwürdigkeit ist wiederum eine wichtige Voraussetzung, um das Vertrauen von Interessenten, potenziellen Kunden und Leads zu gewinnen.

Aus der Idee, die Social Selling zugrunde liegt, ergeben sich für Unternehmen und ihre Mitarbeiter diese **Ziele und Aufgaben**:

- passende **Kontakte** und Interessenten mithilfe von Such- und Filterfunktionen der jeweiligen Plattformen, über eigene Netzwerke und die von Wettbewerbern, in Gruppen/Foren, über Social Listening (s. Kap. 2.5) etc. zu finden,
- sich durch die Verbreitung von zielgruppengerechtem Content mit Mehrwert für die anvisierte Zielgruppe als **Experte** zu positionieren, und zwar durch eigenen, originären Content, durch das Liken, Kommentieren und Teilen inhaltlich interessanter anderer Plattform-Mitglieder und durch die Beteiligung an Diskussionen und Events – auch in Gruppen –, um das Vertrauen von Interessenten zu gewinnen und die eigene Glaubwürdigkeit zu stärken,
- die **1:1-Kommunikation** über Social Media mit Interessenten aufzunehmen und aufrechtzuerhalten,

- bestehende **Beziehungen** mit Interessenten mithilfe von weiterem Mehrwert-Content zu **pflegen**,
- mithilfe eines proaktiven Customer Relationship Managements (CRM) **Interessenten zu Leads** zu machen,
- diese Leads auch nach Kaufabschluss durch **Bestandskundenpflege** an das eigene Unternehmen bzw. die Marke zu binden.

Vertrauen aufbauen

Das wichtigste Ziel von Social Selling besteht also darin, durch den langfristigen Aufbau von belastbaren Kundenbeziehungen und die Bereitstellung von hochwertigem Content das Vertrauen von Kontakten, Interessenten und Leads in die eigene Expertise und damit in das eigene Angebot zu gewinnen. Die Konversion – im Vertriebskontext also die Umwandlung – von qualifizierten Leads zu tatsächlichen Kunden ist nicht mehr Teil des Social- Selling-Prozesses, denn in der Regel werden die Verkaufsverhandlungen in direkten Gesprächen zwischen Vertrieb und Kunden abgeschlossen.

Posten, Teilen und Kommentieren

Neben der Identifikation von Zielkunden, der Kontaktaufnahme und dem Aufbau von tragfähigen Beziehungen mit Interessenten und Leads ist das Posten von eigenem hochwertigem Content sowie das Teilen und Kommentieren von gleichsam für die eigenen Zielkunden relevanten Inhalten anderer User auf der Plattform eine zentrale Aufgabe von Social Sellern.

Social Selling verfolgt das Ziel, durch qualitätvollen Content gute Beziehungen zwischen Unternehmen und Kunden zu knüpfen. Dafür muss der Content glaubwürdig vermittelt werden. Der Social Seller muss sich als Experte positionieren und dadurch die Beziehungen zu Bestands- und neuen Kunden pflegen. Das gelingt zusätzlich durch Posten, Teilen und Kommentieren von anderen relevanten Inhalten.

1.3 Warum Social Selling weiter an Bedeutung gewinnt

Laut Digital Report 2022 von We Are Social und Hootsuite 2022 nutzen 72,6 Millionen aller in Deutschland lebenden Menschen aktiv Social Media (inklusive WhatsApp und YouTube), das entspricht 86,5 Prozent der deutschen Bevölkerung.[1]

Die neueste ARD/ZDF-Onlinestudie zeigt, dass 50 Prozent der deutschsprachigen Bevölkerung ab 14 Jahren regelmäßig Social Media nutzen, das heißt mindestens einmal pro Woche, und zwar auf diese Weise:

- etwas liken, teilen, posten, Timeline nutzen, Feed anschauen: 39 Prozent
- Artikel auf Facebook, Instagram und anderen Social Media lesen: 37 Prozent
- Videos auf Facebook, Instagram oder anderen Social Media anschauen: 34 Prozent[2]

Das Marktforschungsunternehmen YouGov hat zudem ermittelt, dass Social Media immer häufiger für Einkäufe genutzt werden. 2022 gaben 24 Prozent an, bereits über Social Media Produkte gekauft zu haben – das sind vier Prozent mehr als 2021. „Social Shopper" sind vor allem in der Altersgruppe der 25- bis 34-Jährigen zu finden, nämlich 41 Prozent – bei den über 55-Jährigen sind es hingegen nur 15 Prozent. „Social Shopper" befassen sich YouGov zufolge eher mit Werbeanzeigen in Social Media als mit normalen Websites. Die überwiegende Mehrheit testet zudem gern Produkte, bevor diese auf den Markt kommen.[3]

Kunden erwarten Social Selling

Angesichts der großen Zahl an Menschen, die heute täglich Social Media nutzen, liegt darin ein enormes Potenzial für Unternehmen, über E-Commerce, Social Shopping und Social Selling ihre Produkte und ihre Dienstleistungen zielgruppengerecht zu präsentieren und zum Teil auch zu verkaufen.

Der durchschnittliche Käufer gibt an, dass er 20 bis 40 Prozent mehr Geld für Produkte und deren Unternehmen ausgibt, die in Social Media mit ihm interagiert haben – bei Millionen von Usern ergibt das einen riesigen Markt, den kein Unternehmen übersehen kann. 40 Prozent der 18- bis 24-Jährigen nutzen Social Media zudem als Suchmaschine – statt Google.[3] Vor allem junge Erwachsene der Generation Z haben demnach über Social Media ihren ersten Kontakt zu Marken und Unternehmen. Insgesamt nutzen viele User Social Media als wichtigste Informationsquelle für ihre Marken- und Produktrecherche, das heißt: Sie bereiten sich auf ihre Käufe vor.

Wettbewerber betreiben aktives Social Selling

Wer Social Selling aktiv betreibt, bleibt wettbewerbsfähig, denn viele Marken und Unternehmen nutzen Social Media bereits aktiv, um auf populären und B2B-Plattformen mit potenziellen Kunden zu kommunizieren und interagieren.

Laut Hootsuite planten 2020 ca. 25 Prozent aller E-Commerce-Unternehmen weltweit, ihre Waren über Social Media zu verkaufen. 200 Millionen Instagram-Nutzer besuchen mindestens einmal täglich ein Profil und 81 Prozent recherchieren dort Produkte und Dienstleistungen. 70 Prozent der YouTube-Nutzer haben das Produkt einer Marke gekauft, nachdem sie es auf YouTube gesehen haben.[1]

Marketing- und Vertriebstool

Für den B2B-Bereich zeigt zum Beispiel der State of Sales Report 2022 von LinkedIn[4], dass Social Selling mittlerweile eine wichtige Komponente in den Marketing- und Vertriebsstrategien von Unternehmen darstellt:

- B2B-Vertriebsprofis schätzen die Erfolgsrate einer Kontaktaufnahme via LinkedIn mittlerweile als ebenso hoch ein wie über einen persönlichen Austausch auf Messen oder Konferenzen.
- 75 Prozent der befragten Vertriebsmitarbeiter gaben an, wesentlich mehr und intensiver als früher noch zu recherchieren, was die Branchen, Unternehmen und ihre potenziellen Kunden betrifft.

- Die befragten Kunden wünschen sich bei der Kontaktaufnahme unter anderem ein professionelles Auftreten und Profil des Unternehmens bzw. Vertriebsmitarbeiters (44 Prozent), dass der Vertriebsmitarbeiter gut über ihr Unternehmen informiert ist (43 Prozent), Branchenexpertise (43 Prozent) besitzt und gute und engagierte Kundenbeziehungen nachweisen kann (38 Prozent).

Frühe Recherche

Die Ergebnisse der LinkedIn-Umfrage legen nahe, dass Vertriebsmitarbeiter noch vor einer Kontaktaufnahme umfangreicher recherchieren und verstehen müssen, wer ihre Zielkunden sind, welche Aufgaben diese haben, worauf sie bei der Kontaktaufnahme durch andere Unternehmen Wert legen, welchen Bedarf und welche Bedürfnisse sie haben und wie sie mit ihren Kollegen interagieren.

Unternehmen, die an Vertriebsmaßnahmen wie Kaltakquise festhalten, ignorieren, dass ihre Kunden mittlerweile auf eine professionelle und personalisierte Ansprache und transparente Angebote Wert legen, und verlieren damit gegenüber Unternehmen, die auf diese Kundenansprüche eingehen, an Boden. Damit bietet Social Selling eine große Chance, nicht nur zusätzliche Kunden zu gewinnen und langfristig an sich zu binden, sondern es auch als wichtigen Wettbewerbsfaktor zu etablieren.

Social Selling wird für Unternehmen wichtiger, weil User sich zunehmend via Social Media über Marken, Unternehmen und deren Produkte informieren und zu Social Buyern werden und weil immer mehr ihrer Wettbewerber Social Selling als Vertriebsinstrument nutzen. Für Social Selling gibt es keine verbindliche Definition, aber nach allgemeinem Verständnis besteht sein Kern darin, dass Unternehmen bzw. ihre Mitarbeiter über Social Media individuelle Beziehungen zu Interessenten aufbauen.

- Um deren Vertrauen zu gewinnen, gehen die (Vertriebs-) Mitarbeiter mit diesen in die 1:1-Kommunikation, ohne ihre Produkte anzubieten, sondern vielmehr hoch- und nutzwertigen eigenen oder fremden Content zu liefern.
- Sie positionieren sich damit auch als Experten zu ihren Spezialthemen und stärken die eigene Marke sowie die ihrer Unternehmen.
- Ziel ist es letztlich, auf diese Weise Leads zu generieren und diese von Ihrem Angebot zu überzeugen. So gesehen ist Social Selling eine Strategie, die zu Vertriebszielen beitragen soll.
- Damit weist Social Selling Ähnlichkeiten zu anderen Marketing- und Vertriebsansätzen, -methoden, -tools wie Content Marketing, (Personal) Branding, Leadgenerierung und Direktmarketing auf, unterscheidet sich von diesen aber durch seine Fokussierung auf die individuelle Kommunikation mit Einzelpersonen statt mit großen Zielgruppen, um deren Vertrauen zu gewinnen und sie zu Leads zu machen.

- Die Bedeutung von Social Media als Medium, in dem sich User über Marken, Unternehmen und Produkte informieren, wird sich weiter verstärken. Zudem wandeln sich eher privat genutzte Plattformen wie Facebook und Instagram hauptsächlich für B2C-Unternehmen zu zusätzlichen Verkaufskanälen, um Social Buyer zu bedienen.

Unternehmen werden in Social Media zunehmend stärker präsent sein müssen, weil ihre potenziellen Käufer das erwarten und ihre Wettbewerber dort auch schon vertreten sind.

Welche Plattformen eignen sich für Social Selling? Und welche nicht?

Seite 25

Was bedeutet Social Listening?

Seite 34

Wie schaffen Sie es, Kontakte zu Interessenten und Interessenten zu Leads zu machen?

Seite 43

2. Phasen, Methoden und Prinzipien im Social Selling

Sauber geplante und konsequent umgesetzte Social-Selling-Aktivitäten durchlaufen mehrere Phasen, sind in der Regel langfristig angelegt und wiederholen sich deshalb immer wieder. Kontakte zu identifizieren, mit ihnen ins Gespräch zu kommen und aus diesen Interessenten Leads zu machen, ist ein Prozess, den Social Seller immer wieder neu beginnen und durchlaufen (müssen), um die Social-Selling-Maschine am Laufen zu halten.

Und sein Profil auf dem neuesten Stand zu halten, das Kontaktnetzwerk systematisch zu erweitern, Zielkunden zu „belauschen“, um herauszufinden, welche Themen und Bedürfnisse sie beschäftigen, eigenen zielgruppengerechten Content zu produzieren und hochwertige Inhalte von anderen Usern zu teilen und zu kommentieren sowie authentisch mit seinen Kontakten, Interessenten und Leads zu kommunizieren, gehört ohnehin zum täglichen Handwerk eines professionellen Social Sellers.

Social Selling ist also ein Fulltime-Job. Doch welche Schritte sind nötig, um sich als Social Seller zu etablieren und Leads zu generieren? Welche Fragen müssen Social Seller beantworten, bevor sie überhaupt loslegen können? Und wie können sie die Wirkung ihrer Maßnahmen messen und nachprüfen? Die Antworten auf diese Fragen erhalten Sie in diesem Kapitel.

2.1 Pre Sales

Social-Selling-Aktivitäten müssen gut durchdacht und geplant sein. Und wie jede Unternehmens-, Marketing- und Vertriebsstrategie benötigt auch Social Selling klar definierte Vorgaben, um daraus operative Maßnahmen abzuleiten.

Ziele definieren

Das beginnt mit der Frage, welche Ziele Sie mit Ihren Social-Selling-Aktivitäten verfolgen. Es geht also erst einmal um die grundsätzlichen Fragen, die sich anschließend mit der Zielgruppendefinition und -analyse, den KPIs und Ihrem USP konkretisieren lassen:

- Was wollen Sie mit Ihren Social-Media-Maßnahmen erreichen?
- Was benötigen Sie, um diese Ziele erfolgreich umzusetzen?
- Bis wann wollen Sie diese Ziele erreichen?
- Wie wollen Sie das Interesse Ihrer Zielgruppe wecken?
- Welche zeitlichen, personellen und finanziellen Kapazitäten können/wollen Sie für die Erreichung Ihrer Ziele einsetzen?

KPIs

Key Performance Indicators (KPIs) sind Kennzahlen, anhand derer die Performance und der Erfolg eines Unternehmens gemessen werden können. Sie stammen ursprünglich aus der Betriebswirtschaft, um die finanzielle Leistungsfähigkeit eines Unternehmens zu bewerten, kommen aber auch in vielen anderen Bereichen zum Einsatz, zum Beispiel in Marketing, Vertrieb, Kundenservice, Produktion etc.

Legen Sie auf jeden Fall einige KPIs fest, die zu Ihrem Unternehmen passen, um Ihre Leistung zu definieren und zu verfolgen (siehe Kapitel 2.8).

Zielgruppen definieren und analysieren

Ob Ihre Kunden Unternehmen sind oder Endkunden/Verbraucher: Sie müssen sich auf jeden Fall intensiv mit Ihrer Zielgruppe beschäftigen, um eine klare Vorstellung zu bekommen, welcher Bedarf, welche Probleme, Bedürfnisse und Wünsche sie umtreibt und auf welchen Plattformen sie unterwegs ist: Wer sind meine Kunden? Was sind ihre Pain Points? Wie kann ich sie am besten erreichen? Welche Themen beschäftigen sie?

Zielunternehmen

Sind Unternehmen Ihre Zielgruppe, bestimmen Sie zunächst deren wichtigste Merkmale wie Unternehmensgröße, Preisakzeptanz, Branchenzugehörigkeit, Marktgröße etc. Je mehr dieser und weiterer Merkmale Sie Ihren Zielunternehmen zuordnen können, desto leichter fällt Ihnen die weitere Zielgruppenanalyse.

Zielkunden

Ihre Unternehmenskunden sind nicht anonyme Gebilde, sondern bestehen aus „echten" Menschen. Sie erstellen also Zielkundenprofile für die zuständigen und verantwortlichen Ansprechpartner und Entscheider in Unternehmen oder für Ihre B2C-Zielkunden – im vertriebs- und Marketingsprech auch Buyer Persona genannt. Für die Erstellung von Zielkundenprofilen bieten sich demografische, sozioökonomische und psychografische Merkmale, die Dauer und Inhalte von Online-Aktivitäten, Kaufverhalten, Kaufmotive, Beeinflusser, Points of Sale, Kauffrequenz etc. an.

Die intensive Auseinandersetzung mit Ihrer Buyer Persona ist somit die Basis für die erfolgreiche Ansprache Ihrer Zielkunden im Social Selling.

Unique Selling Proposition (USP)

Wie hilft Ihr Angebot Ihren Zielkunden? Gehen Sie davon aus, dass Ihre Zielkunden nicht auf der Suche ausgerechnet nach Ihrem Produkt oder Ihrer Dienstleistung sind und wahrscheinlich auch von Ihren Wettbewerbern kontaktiert werden. Die Informationen und Erkenntnisse aus der intensiven Beschäftigung mit Ihrer Buyer Persona zeigt Ihnen auch, wie Ihre Produkte und Dienstleistungen Ihren Zielkunden helfen können:

- Wie sieht Ihre Lösung für deren Probleme, Pain Points bzw. Bedürfnisse aus?
- Welchen echten Mehrwert können Sie Ihren Zielkunden bieten?
- Wie unterscheiden sich Ihre Produkte und Dienstleistungen von denen der Wettbewerber? Ihr Service? Ihre Liefer- und Zahlungsbedingungen? Ihr guter Ruf bei anderen Kunden und/oder in der Branche? Ihre langjährige Berufserfahrung?

Ohne die eindeutige Definition der Ziele, die ein Unternehmen mit Social Selling verfolgt, die Definition von Zielunternehmen und -kunden, die tiefgehende Analyse vor allem des Bedarfs, der Bedürfnisse und Kaufmotive der definierten Buyer Personas und die scharfe Profilierung des eigenen USPs bleibt Social Selling zielloser Aktionismus ohne greif- und zählbares Ergebnis.

2.2 Welche Plattform soll's denn sein?

Nun stellt sich die Frage, welche Plattformen sich für Ihre Social-Selling-Maßnahmen am ehesten eignen. Die Antwort ist kurz: Die beste Plattform für Ihr Social Selling ist die, auf der Sie Ihre Zielgruppe einfach erreichen und Beziehungen zu Ihren Kontakten leicht aufbauen und pflegen können.

Mehrere Faktoren bestimmen die Wahl der Plattform

Grundsätzlich bietet sich Social Selling für B2C- und B2B-Unternehmen an. Es hängt aber von den Produkten und Dienstleistungen sowie den personellen und finanziellen Kapazitäten eines Unternehmens ab, denn Social Selling ist ein zeitintensiver Prozess, der viel Manpower erfordert. Dennoch stellt es eine Möglichkeit für Unternehmen und Selbstständige dar, die erklärungsbedürftige und/oder höherpreisige Produkte und Dienstleistungen anbieten, potenzielle Kunden zu finden.

B2B: Sich mit Social Selling in neuen Märkten etablieren

Im B2B kann Social Selling hilfreich sein, wenn Unternehmen andere Branchen als ihre eigenen als strategisch wichtige Zukunftsmärkte identifizieren, in denen ihre Vertriebler aber nicht auf ihre Bestandskundenkontakte und Netzwerke zurückgreifen können und de facto bei null beginnen müssen. Dann kann die Veröffentlichung hochwertigen Contents, die systematische Suche nach Interessenten und potenziellen Kunden sowie die Kontaktaufnahme mit ihnen ein erster Schritt sein, um in diesem neuen Markt Fuß zu fassen.

Weitere Kriterien für die Wahl der passenden Plattform

Für die Wahl der richtigen Plattform gibt es allerdings noch weitere **Kriterien**, die Sie berücksichtigen sollten:

- Welche **Kanäle** nutzen Sie bereits? Haben Sie vielleicht schon Unternehmensprofile erstellt? Und wenn ja: Wie können Sie Ihre Präsenz auf diesen Plattformen in Ihre Social-Selling-Aktivitäten einbinden? Können Sie Ihr Profil auf der entsprechenden Plattform durch weitere Profile auf anderen Plattformen sinnvoll ergänzen?
- Wie groß ist die jeweilige **Reichweite** infrage kommender Plattformen, um ausreichend Interessenten identifizieren und kontaktieren zu können?
- Welche Plattformen nutzen Ihre **Wettbewerber**?
- Wie **kommunizieren** die Social-Media-Nutzer, insbesondere Ihre Zielkunden, auf den für Sie relevanten Plattformen?
- Welche (technischen) **Funktionen** muss die von Ihnen präferierte Plattform bereitstellen, damit Sie Ihre Ziel-

kunden einfach recherchieren, leicht Kontakt zu ihnen aufnehmen und mit ihnen halten können sowie Beiträge veröffentlichen und den Erfolg Ihrer Aktivitäten messen können (siehe Kapitel 2.8 und 3.2)?

Plattformen in der Kurzübersicht

Zudem haben sich die meisten Social-Media-Plattformen so entwickelt, dass sie vorwiegend privat und/oder eher für B2B-Kontakte genutzt werden:

XING LinkedIn	Insbesondere die Professional Networks LinkedIn und XING sind für Social Selling im B2B-Kontext (siehe Kapitel 3.2) interessant, aber auch für Unternehmen und Selbstständige, die erklärungsbedürftige Produkte für Endkunden anbieten, zum Beispiel Berater und Coaches.
X (vormals Twitter)	Auf X (vormals Twitter) können Unternehmen die Themen, die ihre Zielgruppen besonders beschäftigen, über Social Listening (siehe Kapitel 2.5) identifizieren.
Instragram	Instagram eignet sich für B2C-Angebote, insbesondere seit sich die Plattform – wie das Schwesterunternehmen Facebook auch – mit umfangreichen Shoppingfunktionen zu einem E-Commerce-Direktvertriebskanal weiterentwickelt.
TikTok	Auch TikTok macht B2C-Unternehmen verstärkt Angebote, um Produkte insbesondere für die Gruppe der 16- bis 24-Jährigen anzubieten.
Facebook	Auf Facebook machen zudem viele kleine Unternehmen über ihre Unternehmensprofile (bezahlte) Werbung für ihre Produkte und treten mithilfe der Kommentarfunktion mit potenziellen Kunden in Kontakt, die Fragen zu den Produkten haben oder sich möglicherweise beschweren wollen.

Content-Sharing-Plattformen	Mit Blogging-, Video-, Bilder-, Audio- bzw. Content-Sharing-Plattformen wie YouTube, Vimeo, SlideShare, Scribd, Blogger, Tumblr, Pinterest, Flickr, Spotify, Apple Podcast etc. können sich Unternehmen bzw. ihre Mitarbeiter zusätzlich als Experten im Sinne des Content Marketing und des (Personal) Branding positionieren und so ihre Kontaktaufnahme mit Interessenten unterstützen und potenzielle Kunden/Leads weiter mit hochwertigem Content versorgen.

Social Selling eignet sich in erster Linie für Unternehmen, die hochpreisige und/oder erklärungsbedürftige Produkte verkaufen wollen, und beschränkt sich üblicherweise nicht nur auf eine Plattform. Es gibt kein Patentrezept dafür, wie der optimale Mix aussieht, denn der hängt von Ihrer Branche, Ihrer Zielgruppe, Ihren Wettbewerbern ab und davon, welche Produkte und Dienstleistungen Sie Ihrer Zielgruppe anbieten und wie Ihre Zielkunden kommunizieren. Zudem spielt die Reichweite der Plattform eine Rolle und welche Funktionen Ihnen diese Plattform bieten muss, damit Sie Social Selling konsequent umsetzen können.

2.3 Die eigene Marke aufbauen und stärken

Ihr Markenimage bestimmt, wie Sie als Unternehmen, als Mitarbeiter Ihres Unternehmens oder als Selbstständiger wahrgenommen werden – von Ihrer Zielgruppe, von Ihren Wettbewerbern, von anderen Experten in Ihrer Branche und/oder in den Inhalten, die Sie unter Ihren Social-Media-Profilen posten.

Im Kontext von Social Selling umfasst (Personal) Branding also folgende **Maßnahmen**:

- ein vollständiges, professionelles und aussagekräftiges **Profil** erstellen und laufend pflegen, das Ihre Kompetenzen hervorhebt, Sie als Branchenkenner zeigt und insbesondere Ihre Zielgruppe anspricht,
- regelmäßig hochwertige und für Ihre Zielgruppe relevante **Inhalte posten** bzw. Beiträge von anderen Usern **teilen** und **kommentieren**, die zu Ihren Themen und Ihrer Marke passen (siehe Kapitel 2.6), und
- konsistent im eigenen Ton kommunizieren und so einen **Wiedererkennungswert** schaffen (siehe Kapitel 2.7).

Ihr Profil als Unternehmens-Schaufenster

Ihr Profil ist mehr als Ihre digitale Visitenkarte. Ein professionelles Profil verschafft einen guten ersten Eindruck und ist so etwas wie Ihr Schaufenster. Ein professionelles Profil vermittelt (Fach-)Kompetenz, baut Glaubwürdigkeit auf, unterscheidet Sie von Ihren Wettbewerbern und schafft schneller Vertrauen bei anderen Usern.

Grundlegende Profil-Elemente

Egal, auf welcher Plattform Sie Ihr Profil anlegen: Fast alle haben gemeinsame (Basis-)Elemente, derer Sie sich bedienen sollten, um Professionalität, Glaubwürdigkeit und Vertrauenswürdigkeit auszustrahlen (siehe auch Kapitel 3.2):

- professionelles und sympathisches Foto (hochauflösend) – und wenn Sie ein Hintergrundfoto einfügen können, bauen Sie Ihr Unternehmenslogo ein

- Kontaktdaten (postalische Adresse, Website und E-Mail-Adresse, Festnetz- und/oder Mobilnummer, unter der Sie gut zu erreichen sind)
- Fähigkeiten und Kenntnisse
- beruflicher Werdegang

Eigenen Content und den anderer Nutzer posten

Mit Content sind Text-, Audio-, Foto- und Video-Inhalte gemeint, ebenso Schaubilder, Diagramme, Animationen und andere Visualisierungen von Inhalten. Sind die Inhalte, die Sie selbst produzieren, und auch die, die Sie teilen und kommentieren, hochwertig und aktuell, werden diese von Ihren Interessenten, potenziellen Kunden und Leads als relevant, nützlich und überzeugend wahrgenommen und Sie als Unternehmen und/oder (Vertriebs-)Mitarbeiter als professionell, gut informiert, glaubhaft und vertrauenswürdig eingestuft. Insofern trägt hochwertiger Content ganz wesentlich zu Ihrem Expertenstatus und Ihrer Glaubwürdigkeit bei – eben zu Ihrer Marke.

Mit Social Selling verfolgen Sie das Ziel, sich als Experte zu Ihren Spezialthemen zu positionieren und damit Ihre (persönliche) Marke aufzubauen bzw. weiter zu stärken. Dafür sollten Sie ein aussagekräftiges Profil auf „Ihrer" Plattform erstellen, das Sie als Kapazität auf Ihrem Gebiet ausweist.

2.4 Auf- und Ausbau des Kontaktnetzwerks

Unternehmen und ihre (Vertriebs-)Mitarbeiter müssen Zahlen, Daten und Fakten über Entscheidungsträger und Zielkunden in anderen Unternehmen sammeln, denn Geschäftsbeziehungen sind in erster Linie Beziehungen zwischen Personen (siehe Kapitel 2.1).

Die große Reichweite von Social Media erlaubt es Ihnen, hochwertige Verbindungen zu knüpfen, die Ihren Zielkunden entsprechen – und das erleichtert es Ihnen wiederum, Interessenten und potenzielle Kunden zu finden und zu Leads zu machen.

Kontakte über das eigene Netzwerk knüpfen

Wenn Sie potenzielle Interessenten bzw. Kunden im Auge haben, können Sie beispielsweise deren Kontakte bzw. Follower checken oder recherchieren, wem diese potenziellen Interessenten bzw. Kunden selbst folgen. Identifizieren Sie gemeinsame Kontakte und bitten Sie diese, Sie den potenziellen Interessenten bzw. Kunden vorzustellen, die Sie im Auge haben.

Such- und Filterfunktionen

Nutzen Sie die Filterfunktionen von Plattformen, um passende Ansprechpartner für bestimmte Themen oder anhand von Jobtiteln (Produktionsleiter, Geschäftsführer etc.) innerhalb von Zielunternehmen zu suchen. So können Sie die

Entscheidungskompetenzen in Unternehmen einschätzen bzw. wer an Entscheidungsprozessen beteiligt ist.

Gruppen
Finden Sie heraus, welche Gruppen bei Ihren Interessenten beliebt sind, denn in Gruppen und Foren zu Ihrer Branche oder Ihren Expertenthemen finden Sie weitere relevante Ansprechpartner. Der große Vorteil von Gruppen ist, dass immer eine inhaltliche Gemeinsamkeit vorliegt – dasselbe Interesse am jeweiligen Gruppenthema, das Ihnen die Kontaktaufnahme zu anderen Gruppenmitgliedern und möglichen Interessenten erleichtert.

Kontaktlisten bestehender Kontakte
Suchen Sie in den Kontaktlisten Ihrer Kontakte nach möglichen Ansprechpartnern und Interessenten, denn auch hier besteht eine Gemeinsamkeit: nämlich die gemeinsamen Bekannten. Nutzen Sie den Effekt, dass die Ansprechpartner die positiven Eigenschaften der gemeinsamen Bekannten oder ihre Sympathien gegenüber den gemeinsamen Bekannten auf Sie übertragen. Nach dem Motto: Der scheint okay zu sein, wenn mein Bekannter den auch kennt. Damit steigt die Wahrscheinlichkeit, dass der neue Kontakt positiv auf den konkreten Bezug zum gemeinsamen Bekannten in Ihrer Anfrage reagiert und Ihre Einladung annimmt.

Suchalarme einstellen
Richten Sie in Google oder in anderen Suchmaschinen Alerts ein, die Sie benachrichtigen, sobald sich Personen in Social

Media über Ihr Unternehmen bzw. Angebot informiert haben. So können Sie Ansprechpartner identifizieren, die sich für Ihr Angebot interessieren, und in Ihrer Kontaktanfrage an dieses Interesse anknüpfen. Das schafft die Basis für eine direkte Kommunikation und authentische Interaktion: Sie haben diesen Interessenten sozusagen am Haken, ohne dass Sie in ein Verkaufsgespräch übergehen. Und damit gewinnen Sie das Vertrauen Ihrer Interessenten, weil Sie zeigen, dass Sie in ihnen nicht allein Umsatzbringer sehen.

Auch bei neuen Kontakten gilt: Qualität geht vor Quantität

Beim stetigen Auf- und Ausbau Ihres Netzwerks zählen Ihre eigenen Kontaktanfragen und alle, die Sie von Interessenten erhalten haben.

Fügen Sie Ihrem Netzwerk nicht willkürlich neue Kontakte hinzu, sondern halten Sie sich bei der Recherche und bei der Erweiterung Ihres Netzwerks strikt an Ihre Zielkundenkriterien. Prüfen Sie darüber hinaus die Interessenten, die Ihnen Kontaktanfragen schicken, auf die Relevanz für Ihr Netzwerk:

- Sind es Interessenten, die das Potenzial besitzen, zu Leads und letztlich zu kaufenden Kunden zu werden?
- Handelt es sich um Kontakte, die Ihre Kontaktliste aufwerten und zu Ihrer Reputation beitragen?

Wenn Sie Zielkunden und Entscheider innerhalb eines Zielunternehmens recherchiert haben, sollten Sie sich deren Profile und deren Inhalte genau anschauen, damit Sie Ihre Kontaktanfrage passend gestalten können (siehe Kapitel 2.7).

Damit Sie auf einer Plattform geeignete Kontakte und Interessenten finden und Ihr Netzwerk systematisch erweitern können, greifen Sie zunächst auf Ihr bestehendes Netzwerk und die Ihrer Kontakte zurück, melden sich in thematisch relevanten Gruppen an, nutzen die Such- und Filterfunktionen „Ihrer" Plattform und richten Suchalarme (Alerts) ein. Wichtig: Gehen Sie bei der Suche von Kontakten und Interessenten streng selektiv vor, um Kontakte und Interessenten zu finden, die Ihrem Zielkundenprofil entsprechen.

2.5 Social Listening

Social Listening bedeutet: aufmerksam sein. Sie verfolgen aufmerksam, was User in Social Media über Sie, Ihre Konkurrenz und Ihre Branche schreiben – und das nicht nur, um Informationen über Ihre Zielkunden zu sammeln und sie individuell anzusprechen. Social Listening ist eine Daueraufgabe, denn sie beinhaltet auch, dass Sie aus Beiträgen und Kommentaren vor allem Ihrer Kontakte, Zielkunden, Interessenten und Leads herauslesen, wie über welche Themen und Trends gesprochen wird, die für Sie, Ihr Unternehmen, Ihre Wettbewerber und Ihre Branche von Belang sind.

Gute Informationsquelle

Mit Social Listening erfahren Sie also mehr über die Interessen und Bedürfnisse Ihrer potenziellen Kunden und darüber, wie Sie, Ihr Unternehmen und Ihre Wettbewerber von Usern auf der jeweiligen Plattform und von Experten zu Ihren Themen wahrgenommen werden, wie also Ihr Markenimage ist – und das Ihres Unternehmens und Ihrer Wettbewerber.

Sensibel für Kritik sein

Achten Sie besonders darauf, wenn sich Lob und Reklamationen häufen – nicht nur über einzelne Produkte, sondern zum Beispiel auch über den Service Ihres Unternehmens –, wenn User Erwartungen an Produkte und Unternehmen richten oder konkrete Produktanregungen äußern. Versuchen Sie, aus der Vielzahl der Meinungen und Meldungen Entwicklungen herauszudestillieren, die für Sie und Ihr Unternehmen wichtig sind.

Mit Social Listening „hören“ Sie Ihren Kontakten, Interessenten und Leads auf „Ihrer“ Plattform aufmerksam zu, um zu erfahren, welche Themen sie besonders interessieren, welche Pain Points und Bedürfnisse sie haben, was sie über Ihre Branche und Wettbewerber sowie Ihr Unternehmen und Ihre Produkte denken und schreiben. Das liefert Ihnen viele Ansatzpunkte, um sich in der 1:1-Kommunikation mit ihnen als kompetenter Gesprächspartner und Problemlöser zu präsentieren.

2.6 Zielgruppengerechten Content posten

Content Marketing ist auch für Social Selling wichtig, denn es trägt ganz wesentlich zu Ihrem (Personal) Branding bei (siehe Kapitel 2.3). Im Rahmen Ihrer Zielgruppenanalyse (siehe Kapitel 2.1) haben Sie die Probleme und Bedürfnisse sowie (Kauf-)Entscheidungsprozesse Ihrer Zielunternehmen und -kunden recherchiert und durch Social Listening zusätzliche Erkenntnisse über ihre (Kauf-)Motive gewonnen. Indem Sie sich mit hochwertigem Content einen Namen als Experte zu Ihren Themen machen, sorgen Sie für einen natürlichen Zufluss an neuen Kontakten für Ihr Netzwerk. Und die Qualität dieser Kontakte, Interessenten und Leads ist auch größer, denn es sind ja die Zielkunden, die Sie definiert und analysiert haben, die Ihren Content als substanziell, hochwertig und relevant einstufen.

Eigener oder relevanter Content anderer

Grundsätzlich lässt sich unterscheiden, ob Sie eigenen, selbst geschaffenen Content zu Ihrem Spezialthema veröffentlichen oder relevanten Content von anderen Nutzern in Ihrem Netzwerk bzw. auf der Plattform teilen, liken oder kommentieren, auf der Sie Ihr(e) Profil(e) erstellt haben.

Auf jeden Fall sollte der Content, den Sie posten, folgende Kriterien erfüllen:

- Trifft er die Interessen, Probleme und Bedürfnisse Ihrer Zielkunden?

- Sind die Informationen neu bzw. bringt der Content neue Erkenntnisse zu Ihrem Thema?
- Regen die Inhalte Ihre Kontakte an, mit Ihnen zu interagieren?

Content Creation

Natürlich ist die Schaffung eigener Inhalte wesentlich aufwendiger, als den Content anderer Nutzer zu teilen, zu liken oder zu kommentieren. Sie erzielen aber langfristig einen stärkeren Effekt und größeren Eindruck, weil Sie sich mit Ihrem Wissen und Know-how als Experte zu Ihren Themen positionieren und so Ihre Reichweite organisch erweitern – mit Interessenten und Leads, für die Sie eine Referenz zu Ihrem Thema sind und deshalb als vertrauenswürdig gelten.

- Als Textformate bieten sich eigene Beiträge, Blogposts, Whitepaper, E-Books, Berichte, Studien, Fallstudien, Präsentationen, Anleitungen, Lexika/Wikis, Pressemitteilungen, Umfragen etc. an. Wenn Sie bereits Leadadressen haben, kommen auch E-Mail-Newsletter infrage.
- Mit Schaubildern, Infografiken, einzelnen Slides (Folien) aus Präsentationen, Zitaten, Checklisten, Bildern, Animationen etc. können Sie Ihre Texte anreichern – oder diese Elemente sind selbsterklärend und benötigen keine Erläuterungen.
- Videos können beispielsweise die Beantwortung von FAQs (Frequently Asked Questions) sein, Produktdemos, Testimonials zufriedener Kunden oder Vlogs (Video-Blogs), also Erklärvideos zu Einzelaspekten Ihrer Spezialthemen, in denen Sie als Experte auftreten.

- Audioinhalte können beispielsweise Podcasts und (Experten-)Interviews sein.
- Auch Veranstaltungen wie Webinare und (Online-)Messen lassen sich in einem weiteren Sinne als Content verstehen, wenn Sie während und in der Nachbereitung eines solchen Events Kommentare, Eindrücke, Berichte, Einschätzungen zu Marktentwicklungen und Ergebnisse oder kurze Takeaways als eigenen Content posten.

Der Nutzen von Videos

Mit Videos geben Sie Ihrem Unternehmen und Ihren Produkten im wahrsten Sinne des Wortes ein Gesicht und fördern Ihre Glaub- und Vertrauenswürdigkeit, weil sie Ihren Expertenstatus unterstützen und damit Ihre Reichweite erhöhen – und letztlich auch Ihre Konversionsraten erhöhen (siehe Kapitel 4.1).

Videos bieten zudem in Bild und Ton mehr Informationsdichte, das heißt: Sie können Ihren Zusehern in kurzer Zeit mehr Content vermitteln. Videos gewinnen deshalb in Marketing und Vertrieb zunehmend an Bedeutung, da viele Kunden vor einem Kauf Videos gegenüber anderen Contentformen bevorzugen.

Ideengenerierung für Ihren Content

Irgendwann werden Sie an den Punkt kommen, sich zusätzliche Aspekte Ihrer Themen aneignen zu müssen, um Ihren Zielkunden weiterhin hochwertigen und relevanten Content liefern zu können. Quellen für diese zusätzlichen Kenntnisse sind zum Beispiel Blogs, Websites, E-Books, YouTube-

Videos, Podcasts und Onlinekurse, die Ihre Themen gut auf den Punkt bringen und deren Inhalte für Ihre Zielkunden relevant sind.

Mehrere Quellen nutzen

Nutzen Sie immer mehrere Quellen, um daraus Material für einen Post zu einem bestimmten Thema zu ziehen, und ergänzen Sie diesen Content mit eigenen Kenntnissen, Geschichten und Erfahrungen. So machen Sie aus dem, was Sie sich an Wissen angeeignet haben, Ihren eigenen, unverwechselbaren und ganz authentischen Content. Eine andere Quelle für Ihren Content ist, Ihre Interessenten und Leads mit Neuigkeiten aus Ihrem beruflichen Umfeld zu versorgen, denn die freuen sich über die Fortschritte und Verbesserungen in Ihrem Unternehmen. Das wiederum stärkt deren Vertrauen in Ihr Unternehmen, denn Ihr Erfolg ist auch der Erfolg Ihrer Zielkunden.

Zeit und Budget einplanen

Als Einzelkämpfer, der jeden Tag viele Baustellen in seinem Unternehmen bedienen muss, ist Ihr Zeitbudget naturgemäß begrenzt. Große Unternehmen können schon eher Mitarbeiter beschäftigen, die zumindest jeden Tag stundenweise mit Social-Selling- und Content-Creation-Aufgaben verbringen. Eine andere Frage ist, inwieweit Social Selling als eigenes Vertriebsinstrument neben anderen im Unternehmen verankert ist und welche Budgets für Content Creation freigegeben werden.

Auf maximal zwei Plattformen beschränken

Es ist zudem sinnvoll, sich auf ein bis zwei Plattformen zu beschränken, denn auch hier gilt: Qualität statt Quantität. Sie wollen Ihren Zielkunden ja gezielt hochwertigen Content zur Verfügung stellen, um sie zu Leads und letztlich zu Kunden zu machen.

Denken Sie auch darüber nach, einzelnen Leads passenden Content persönlich zu schicken, als Direktnachricht auf der Plattform, E-Mail oder E-Mail-Newsletter – individualisierte, zu den Bedürfnissen der Leads passende Content-Pieces, kostenlos und persönlich!

Content regelmäßig vorbereiten

Planen Sie feste Termine ein, an denen Sie Ihren Content recherchieren und in verschiedenen Formaten vorbereiten. Ihr Content sollte vor allem inhaltlich-fachlich den Ansprüchen Ihrer Zielkunden entsprechen. Wenn das passt und Sie noch die Zeit erübrigen wollen, können Sie Ihren Content auch hübsch verpacken, also im jeweiligen Contentformat äußerst professionell aufbereiten.

Keine Werbung posten

Achten Sie darauf, dass Ihre Beiträge nicht wie platte Werbung für Ihre Produkte klingen, denn Social Media sind keine Plattformen für Verkaufsgespräche, sondern Kanäle, die Sie vor allem dafür nutzen, um Kontakte zu knüpfen, mit Interessenten Beziehungen aufzubauen, ihre Bedürfnisse zu erfassen, ihr Vertrauen zu gewinnen und auf diese Weise Leads zu generieren, die dann möglicherweise zu Kunden werden.

Passenden Content teilen, liken und kommentieren

Wenn Sie interessante und für Ihre Zielkunden nützliche Inhalte teilen, nutzen Sie die Möglichkeit, nicht nur mit eigenem Content Ihre Glaubwürdigkeit und das Vertrauen Ihrer Interessen und Leads und damit auch Ihre Marke zu stärken. Denken Sie daran, Ihre Kontakte zu bitten, sich an den Kommentaren zu beteiligen, um mit ihnen zu interagieren und eine Diskussion anzubieten.

Mehrwert als Experte bieten

Natürlich eignen sich auch Beiträge Ihres Unternehmens, um sie im Kontext von Employee-Advocacy-Maßnahmen (siehe unten) zu teilen. Die Beiträge, die Sie teilen, sollten ...

- wie Ihr eigener Content auch Ihren Zielkunden einen echten Mehrwert bieten;
- Ihren Expertenstatus zu bestimmten Themen stärken. Deshalb empfiehlt es sich, relevante Beiträge mit kurzen Hinweisen zu versehen, mit denen Sie diese Beiträge fachlich-inhaltlich einordnen und einen Bezug zu Ihren Spezialthemen herstellen; und
- es Ihnen möglich machen, sie ohne Vorbehalte zu teilen – nicht nur, weil die Verfasser fachlich über jeden Zweifel erhaben sind, sondern auch, weil Sie ihre Haltung zu einem Thema teilen und sie gut zu Ihren Werten und denen Ihres Unternehmens passen.

Von Erfolgen berichten

Erfolgsgeschichten von zufriedenen und begeisterten Kunden Ihres Unternehmens zu teilen, ist für Sie Verpflichtung, denn diese Storys sind starke Beweise dafür, dass Sie und Ihr Unternehmen schon gute Arbeit geleistet haben. Sie können Ihre Kunden nach einem Kauf, zum Beispiel in der After-Sales-Kommunikation, um solche Beiträge bitten, so, als würden Sie nach Empfehlungen fragen.

Wertvolle Kommentare liefern

Wie beim Teilen sollten Sie auch beim Kommentieren von Beiträgen darauf achten, dass sie Ihren Zielkunden echten Mehrwert bieten, Ihnen als Kommentator die Chance geben, sich als Experte zum Thema zu zeigen, und dass Sie sich mit den Verfassern identifizieren können. Nutzen Sie die Chance, mit substanziellen Kommentaren auf qualifizierte und relevante Beiträge Diskussionen unter den Kommentatoren dieser Beiträge zu initiieren und Gespräche mit anderen Nutzern zu beginnen – darunter sind möglicherweise neue Kontakte und Interessenten!

Employee Advocacy

Nutzer nehmen Mitarbeiter von Unternehmen oft als vertrauenswürdige Informationsquellen wahr. Die Idee im Kontext von Social Selling ist, die Menge und Reichweite von Beiträgen auf ausgewählten Plattformen zu erhöhen, indem die Mitarbeiter eigene Posts veröffentlichen oder die des Unternehmens oder von Kollegen teilen. Ziel ist es, die eigenen Mitarbeiter zu Marken- und Produktfürsprechern zu machen und dafür ihre Kontakte, ihre Authentizität und Glaubwürdigkeit und das Vertrauen zu nutzen, das ihnen von anderen Nutzern entgegengebracht wird.

Regelmäßig Content für Ihre Zielkunden vorzubereiten, zu posten bzw. zu teilen und zu kommentieren, ist ein unverzichtbarer Bestandteil Ihrer täglichen Social-Selling-Aktivitäten, damit Sie Ihre Reputation als Experte zu Ihrem Thema festigen, Ihre Glaubwürdigkeit und Marke stärken und das Vertrauen Ihrer Kontakte, Interessenten und Leads bestätigen. Ihr eigener Content oder der von anderen Nutzern auf „Ihrer" Plattform kann unterschiedlichste Formate (Text, Foto, Audio, Video, Schaubilder etc.) haben – Hauptsache, er ist hochwertig, relevant für Ihre Zielkunden, liefert ihnen Mehrwert und praktischen Nutzen. Unternehmen können zudem durch Employee Advocacy ihre Mitarbeiter dazu bringen, Corporate Content zu teilen.

2.7 Authentisch und konsistent mit Zielkunden interagieren

Social Selling bedeutet, sich persönlich und authentisch mit Usern, Kontakten, Interessenten und Leads auszutauschen – aber es bedeutet nicht, eine möglichst große Reichweite mit Hunderten oder gar Tausenden Nachrichten zu schaffen.

Personalisierte Nachrichten schreiben

Egal, in welcher Phase Sie sich in der Kommunikation mit einem Zielkunden befinden: Für alle gelten ein paar grundsätzliche Verhaltensweisen, die Ihnen die Interaktion mit ihm erleichtern.

- **Relevanz und Mehrwert:** Posten Sie Videos, Berichte, Schaubilder, Podcasts, Whitepaper etc., teilen, liken und kommentieren Sie Beiträge Ihrer Zielkunden und anderer Nutzer, schicken Sie ihnen Artikel, Links, Checklisten, Einladungen etc. – alles, was mit Ihren Themen und Ihrer Branche zu tun hat –, solange diese Inhalte Relevanz für Ihre Zielkunden haben und ihnen Mehrwert liefern.
- **Gemeinsamkeiten:** Verweisen Sie immer wieder auf Gemeinsamkeiten, zum Beispiel gemeinsame berufliche Kontakte, Beiträge, die Sie beide geteilt bzw. auf die Sie beide reagiert haben, auf Gruppen, in denen Sie beide Mitglieder sind, Themen, die Sie beide interessieren.
- **Attraktivität:** Fragen Sie sich bei jeder Nachricht, ob Sie diese selbst lesen würden. Diese Selbstkontrolle hilft Ihnen, langweilige 0815-Nachrichten zu vermeiden und sie stattdessen persönlicher zu gestalten.

Bleiben Sie authentisch

Ihre Interaktionen mit Kontakten, Interessenten und Leads sollten immer ehrlich gemeint und authentisch sein, denn nur dann schätzen Ihre Zielkunden den Austausch mit Ihnen, führen echte Gespräche, bleiben in Verbindung mit Ihnen und sind offen dafür, eine (Kunden-)Beziehung mit Ihnen aufzubauen.

Seien Sie in der Kommunikation mit Ihren Zielkunden nicht nur authentisch, sondern auch konsistent. Bleiben Sie bei sich und den Themen, die für Sie und Ihre Zielkunden wichtig sind.

Bleiben Sie geduldig

Rechnen Sie nicht mit schnellen Ergebnissen, vor allem Abschlüssen, denn wie jeder Beziehungsaufbau braucht auch der mit potenziellen Kunden in Social Media seine Zeit, im B2B oftmals mehrere Wochen, zum Teil auch Monate. Pflegen Sie die Beziehung mit Ihren Interessenten und Leads, bleiben Sie in Kontakt und versorgen Sie sie weiterhin mit hochwertigem Content.

Reaktivieren Sie ältere Kontakte in Ihrem Netzwerk und sprechen Sie auch neue Leads noch einmal an, wenn diese noch nicht auf Ihre Einladungen zu persönlichen Gesprächen reagiert haben (siehe unten). Suchen Sie immer wieder Anknüpfungspunkte, um Kontakten, Interessenten und Leads, aber auch Kunden in der After-Sales-Kommunikation Nachrichten schicken zu können, zum Beispiel, indem Sie ihnen zu neuen Positionen, Beförderungen, Unternehmenswechseln, Projektabschlüssen etc. gratulieren. Bieten Sie als Experte zu Ihren Themen Rat und Unterstützung an, wenn Sie bemerken, dass einzelne Kontakte vor einem Problem stehen – auch wenn Sie Ihr Produkt nicht direkt bewerben können.

Automatisieren oder nicht?

Ob Nachrichten, Kontaktanfragen, Rückfragen bei neuen Kontakten etc.: Sie werden feststellen, dass Sie öfter dieselben oder zumindest ähnliche Texte regelmäßig wiederholen, auch für unterschiedliche Zielkunden. E-Mail-bzw. Nachrichten-Automatisierungs-Tools wie Learjet, HubSpot Workflows oder Text Blaze können Ihnen dabei helfen, solche

Texte schneller zu erstellen, dabei Fehler zu vermeiden und Zeit zu sparen. Wenn Sie solche Tools nutzen wollen, dann achten Sie darauf, eine gute Balance zwischen Automatisierung und Personalisierung zu finden. Denken Sie daran: Ihre Zielkunden wollen das Gefühl haben, von Ihnen ganz individuell angesprochen zu werden.

Auf das Timing kommt es an

Auf die Frage, wann Sie auf eine Interaktion eines Kontaktes, eines Interessenten oder Leads reagieren bzw. wann Sie bei ihm nachfassen sollten, gibt es keine allgemeingültige Standardantwort, denn das hängt unter anderem von folgenden Kriterien ab:

- Wann war die letzte Interaktion mit diesem User?
- Wie aktiv ist er auf der Plattform? Ist er jeden Tag on, alle paar Tage oder vielleicht nur ein paarmal pro Monat? Und was macht er dann?
- Checkt er nur seinen Feed und sein Profil? Oder beteiligt er sich an Diskussionen? Oder postet er sogar regelmäßig eigene Beträge?
- Wie lange dauert es, bis er Ihren Content gelesen und/oder angeschaut hat, wenn Sie ihm einen geschickt haben? Ein Whitepaper oder eine Studie zu lesen, dauert natürlich länger als nur einen kurzen Beitrag zu sichten, den Sie gepostet haben.

Wann eine Follow-up-Nachricht schicken?

Die Frage ist also, wie lange Sie warten sollten, bevor Sie Ihrem Kontakt, Interessenten oder Lead eine (Follow-up-)

Nachricht oder Antwort schicken. Gehen Sie sicher, dass Sie schnell und flexibel auf Nachrichten reagieren bzw. Follow-up-Nachrichten schicken können – angepasst an das Kommunikationsverhalten jedes Ihrer Kontakte, Interessenten oder Leads. Voraussetzung: Sie tracken Ihre Interaktionen mit jedem einzelnen User, zum Beispiel mit Excel-Listen. Entscheidend ist, dass Sie die Gespräche mit allen Ihren Zielkunden am Laufen halten, sich immer wieder in Erinnerung bringen, denn so bleiben Sie in den Köpfen Ihrer Zielkunden – und sind schnell zur Stelle, wenn deren Interesse an Ihrem Angebot bzw. Ihrer Lösung wächst.

Erstkontakt

Wenn Sie eine Kontaktanfrage von einem User erhalten haben, sollten Sie erst einmal prüfen, ob dieser User Ihren Zielkundenkriterien entspricht (siehe Kapitel 2.4). Anders sieht es aus, wenn Sie selbst Kontaktanfragen verschickt haben, denn Sie haben ja nur solche User als mögliche Interessenten identifiziert, für die Ihre Themen und Ihr Angebot relevant sind – die also Ihre Zielkunden sind.

Gemeinsamkeiten herausheben

Bei eigenen Kontaktanfragen müssen Sie den potenziellen Interessenten plausibel erklären, warum Sie ihnen diese Anfrage schicken. Erklären Sie diesen Kontakten, warum der Kontakt mit Ihnen für sie relevant und nützlich sein könnte. Heben Sie zum Beispiel Gemeinsamkeiten hervor und/oder verweisen Sie auf Ihre Themen und warum diese für den jeweiligen User interessant sein könnten.

Diese **Gründe** bieten sich unter anderem **für Kontaktanfragen** an:

- **Dieselben oder ähnliche Tätigkeiten:** Sie wollen sich mit Gleichgesinnten vernetzen, verraten in Ihrer Kontaktanfrage aber noch nicht, was genau Sie tun, um die Neugier dieses Users anzufüttern.
- **Gemeinsame Kontakte:** im Idealfall aus derselben Branche.
- **Gemeinsame Themen:** zum Beispiel wenn Sie bemerkt haben, dass ein User Beiträge geteilt oder kommentiert hat, deren Themen sich mit Ihren decken. Im Idealfall hat er schon Ihren Content geteilt, kommentiert oder hat selbst Content veröffentlicht, den Sie spannend finden.
- **Gemeinsame Veranstaltungen:** Verweisen Sie auf Events, die Sie beide erst vor Kurzem besucht haben, am besten zu einem Thema, das Sie miteinander teilen.
- Noch besser: ein **Event**, auf dem Sie sich schon persönlich kennengelernt haben, vor allem wenn Sie schreiben, dass Sie das Gespräch gern auch auf der Plattform weiterführen wollen.
- **Interessantes Profil:** Sprechen Sie Details aus dem Profil eines Users an, zum Beispiel seine Ausbildung/sein Studium oder Unternehmen, in denen er tätig war/ist – im Idealfall solche, bei denen Sie beide gearbeitet haben.

Nutzen herausstellen

Seien Sie professionell, freundlich, sympathisch und trotzdem angemessen selbstbewusst, denn Sie können diesen

Usern ja etwas bieten. Beantworten Sie also deren Frage: Was habe ich davon, wenn ich die Kontaktanfrage annehme?

Dialoge mit Interessenten starten

Wenn Sie die Kontaktanfrage eines Users angenommen haben, weil er Ihrem Zielkundenprofil entspricht, oder eine Ihrer Kontaktanfragen angenommen wurde, liegt es an Ihnen, den gerade begonnenen Dialog weiterzuführen.

Im ersten Fall könnten Sie sich in diesem Schritt für die Kontaktanfrage eines Users bedanken und ihn fragen, warum er Ihnen eine Anfrage geschickt hat.

Im zweiten Fall sollten Sie sich bei Ihrem Gesprächspartner bedanken, dass er Ihre Kontaktanfrage angenommen hat, und den Dialog weiterführen – indem Sie

- auf einen inhaltlichen Hinweis in der Antwortnachricht Ihres Gesprächs reagieren,
- selbst ein Gespräch beginnen, das beispielsweise einen seiner Posts thematisiert, oder
- auf Content hinweisen, von dem Sie denken, dass dieser für Ihren Gesprächspartner interessant und relevant ist.

Nicht gleich zu viel Input

Sie müssen also aktiv diese ersten Schritte auf Ihre Gesprächspartner zugehen und sie in einen längeren Dialog bringen. Entscheidend ist dabei, dass Sie behutsam vorgehen, Ihre neuen Interessenten nicht mit zu viel Input überfrachten und Sie nicht gleich zu Beginn Ihr gesamtes Pulver verschießen.

Beziehung pflegen

Wenn Sie sich schon ein-, zweimal oder gar mehrfach mit einem Interessenten ausgetauscht haben, wird es Zeit, dass Sie ihn mit Mehrwert versorgen, um ihn im Gespräch zu halten. Das können Sie natürlich auch schon machen, wenn Sie in den Dialog mit einem Interessenten starten (siehe oben). Aber auch hier gilt: Gehen Sie es langsam an, um Ihren Mehrwert-Content nicht zu früh zu verschenken, denn Sie wollen ja Ihren Interessenten neugierig auf mehr machen. Beginnen Sie also mit kleinen Content-Häppchen, zum Beispiel Links zu thematisch relevanten Blogs oder Videos, Whitepaper oder kurze Präsentationen, die Sie selbst erstellt haben, Checklisten oder Einladungen zu Events etc. (siehe Kapitel 2.6).

Nachhaken

Nach einiger Zeit sollten Sie bei den Interessenten, denen Sie Content Pieces geschickt haben, natürlich auch nachhaken:

- *Hallo, Frau XY, hatten Sie die Gelegenheit, reinzuschauen?*
- *War das interessant für Sie?*
- *Haben Sie Fragen dazu?*

Oder wenn Sie auf ein Event eingeladen haben:

- *Hallo, Herr Z, auf welchen Programmpunkt freuen Sie sich denn besonders?*

Auf diese Weise bleiben Sie nicht nur mit Ihren Interessenten im Gespräch, sondern bekommen durch die offenen Fragen zu den Inhalten auch zusätzliche Informationen darüber, welche Themen und Aspekte ihnen besonders wichtig sind, damit Sie sie mit passendem Content versorgen und damit zu Leads machen können. Denn das ist Ihr Ziel: dass Ihre Interessenten Ihnen ihre Kontaktdaten zur Verfügung stellen und Ihnen damit das Einverständnis geben, sie auch außerhalb der jeweiligen Plattform kontaktieren zu dürfen.

Von asynchroner zu synchroner Kommunikation

Sie haben nun also eine Beziehung zu einem Interessenten auf- und ausgebaut. Er vertraut Ihnen und ist letztlich auch bereit, Ihnen seine Kontaktdaten zu geben. Er ist also nicht mehr nur Interessent, sondern im Sinne eines Sales-Prozesses ein Lead.

Nun ist es an der Zeit, diesen Lead in Richtung Abschluss zu führen. Ziel: ein persönliches – synchrones – 1:1-Gespräch außerhalb der Plattform, in dem Sie ihm ein Angebot unterbreiten können, das eine Lösung für sein Problem darstellt. Oder zumindest ein Gespräch, in dem Sie seinen Bedarf analysieren, um ihm anschließend ein passendes Angebot zu schicken.

Einladung zum Kennenlernen

Sie schreiben ihm also eine Nachricht – noch auf der Plattform, indem Sie ihm zum Beispiel ein Kennenlerngespräch vorschlagen, entweder als Videocall oder auch live vor Ort bei ihm. Ein Kennenlerngespräch hat aus Ihrer Sicht den Zweck, herauszufinden, ob Ihr Angebot grundsätzlich für Ihren Lead passen könnte. Sie wollen also erkennen, welchen Bedarf Ihr Lead hat und worauf es ihm dabei besonders ankommt.

Die offensivere Variante ist, dass Sie schon in Ihrer Nachricht noch auf der Plattform klar formulieren, dass Sie mit ihm in einem 1:1-Termin über Ihr Angebot sprechen wollen, weil Sie der Überzeugung sind, dass Sie ihm eine Lösung für sein Problem bieten können.

Follow-up-E-Mails richtig anwenden

Nach einem Kennenlerngespräch und/oder einem Meeting, in dem Sie bereits Ihr Angebot konkretisiert haben, müssen Sie an Ihrem potenziellen Kunden dranbleiben, denn seine Bereitschaft zu solch einem Gespräch signalisiert ja ein konkretes Interesse an Ihrem Angebot.

Beginnen Sie nach Ihrem Meeting mit einer Nachricht an Ihren potenziellen Kunden, um sich für seine Zeit zu bedanken. Meldet er sich daraufhin nicht bei Ihnen, sollten Sie ihm ein paar Tage später als Reminder wieder ein Content Piece schicken und/oder fragen, ob er zusätzliche Informationen zu Ihrem Angebot benötigt, und/oder ihm ein weiteres Gespräch vorschlagen.

Interaktionen dokumentieren

Natürlich sollten Sie den Überblick behalten, wann Sie welchem Ihrer Interessenten, Leads und potenziellen Kunden bereits geschrieben haben und welchen Sie wann noch weitere Nachrichten schreiben wollen und was Sie jeweils schreiben. Sprich: Sie müssen die Interaktionen mit Ihren Gesprächspartnern genau tracken und dokumentieren, sodass Sie den jeweils aktuellen Kommunikationsstatus leicht und schnell abrufen können.

Mit einem entsprechenden System wie einem CRM-Tool (Salesforce, Pipedrive, HubSpot, Microsoft Dynamics, Zendesk etc.) können Sie Ihre Kundenkommunikation nicht nur detailliert dokumentieren, sondern auch ganz genau planen.

After-Sales-Kommunikation

Nicht nur, um das Vertrauen auch anderer Gesprächspartner und Kunden zu behalten, ist es wichtig, dass Sie jedem Kunden nach einem Kauf die Sicherheit geben, dass er die richtige Entscheidung getroffen hat. Sie sollten Ihre Kundenkontakte auch deshalb langfristig pflegen und vertiefen, um sie weiter individuell zu beraten oder einfach bei Fragen für sie da zu sein. Bestätigen Sie das Vertrauen, das Ihre Kunden Ihnen mit einem Kauf entgegengebracht haben, und schaffen Sie auch nach dem Kauf die Möglichkeit, dass es zu weiteren Käufen kommt – auch von anderen Interessenten, weil Ihre zufriedenen Kunden Sie weiterempfehlen.

Kundenkontakte können Sie natürlich auch nach einem Kauf auf Ihren Social-Media-Plattformen pflegen, zum Beispiel, indem Sie Ihre Kunden auch weiterhin mit Ihrem eigenen Content versorgen, die Beiträge anderer teilen und kommentieren und darüber mit Ihren Kunden interagieren. So gesehen ist nach dem Kauf wie vor dem Kauf.

Nutzen Sie jede Gelegenheit

Darüber hinaus gibt es jede Menge anderer Gelegenheiten, um Ihren Kunden Nachrichten zu schicken: Beförderungen, herausragende Leistungen Ihrer Kunden bzw. ihrer Unternehmen, Weiterbildungen, Jobwechsel, Neugründungen etc.

Die idealtypische Social-Selling-Kommunikation mit einem Kontakt, Interessenten und Lead umfasst diese Phasen: Erstkontakt herstellen – Dialog starten – Beziehung pflegen – Interessenten zu Leads machen – sich auch nach dem Kauf weiterhin mit dem Kunden austauschen. Dabei sollten Sie authentisch, professionell und konsequent kommunizieren, ein Gefühl für das richtige Timing Ihrer (Follow-up-)Nachrichten haben und geduldig bleiben. Mit den richtigen (CRM-) Systemen können Sie alle Ihre Interaktionen mit Ihren Zielkunden dokumentieren und analysieren.

2.8 Social-Selling-Erfolge messen

Trotz aller Fortschritte bei Tools und Technologien ist die Social-Selling-Erfolgsmessung mithilfe verlässlicher Kennzahlen, insbesondere eines ROI (Return on Investment), schwierig, denn meist sind über ein Dutzend Personen zumindest im B2B – vor allem aus Vertrieb und Marketing – an komplexen Kaufprozessen beteiligt. Den Anteil von Social-Selling-Aktivitäten an der Buyer's Journey anhand valider KPIs genau herauszulösen, stellt Marketing- und Vertriebsprofis aus der Praxis nach wie vor ebenso vor Probleme wie Akademiker.

Quantitative Betrachtung

Natürlich lassen sich zahlreiche KPIs betrachten, meist unter quantitativen Gesichtspunkten, zum Beispiel die

- Anzahl der gesendeten Anfragen und der Anteil davon akzeptierter Anfragen

- Interaktionsintensität (Häufigkeit eigener Beiträge, Kommentare, Likes, geteilter Beiträge etc.)
- Reichweite und Wirkung eigener Beiträge (Wie viele User haben die Beiträge gelesen, geteilt, kommentiert und gelikt? Wie haben die User darauf reagiert, Art und Tonalität?)
- Sichtbarkeit in sozialen Medien (Impressions, Interaktionen, Engagement etc.)
- geplanten Gesprächstermine mit Leads außerhalb von Social Media
- Angebotsanfragen potenzieller Kunden über Social Media
- die Conversion Rate – im Social Selling also beispielsweise das Verhältnis der durch Social-Selling-Aktivitäten generierten Leads zu den Leads, die tatsächlich zu Käufern werden.

Auch Qualität betrachten

Obwohl sich solche Indikatoren aus Social-Selling-Aktivitäten fast zwangsläufig ergeben, sind sie nicht ausreichend, denn sie berücksichtigen kaum die Qualität der „Beziehungsarbeit" von Social Sellern – wie es diesen also gelingt, über aussagekräftige und zielkundengerechte Nachrichten das Interesse von neuen Kontakten hervorzurufen, mit passenden Content Pieces Interessenten zu Leads zu machen und dabei das Gespür für den jeweils richtigen Zeitpunkt für die passenden Interaktionen zu entwickeln.

Und dabei ist noch gar nicht die Arbeit berücksichtigt, die Sie mit dem Markenauf- und -ausbau, dem Zugewinn an Fachexpertise und mit der Contentproduktion verbringen.

Aber das bedeutet nicht, dass Sie nicht selbst quantitative Kennzahlen und qualitative Messgrößen festlegen können, die Sie entsprechend gewichten, um Ihre Social-Selling-Aktivitäten und ihre Entwicklung bewerten zu können.

Damit Ihre Social-Selling-Aktivitäten eine nachhaltige Wirkung entfalten, müssen Sie diese strategisch klug planen. Nachdem Sie zunächst Ihre Zielgruppen (Zielunternehmen und deren für Sie relevante Ansprechpartner) analysiert sowie auf dieser Basis die passenden Social-Media-Plattformen identifiziert haben, durchlaufen Sie immer wieder mehrere Phasen, denn Social Selling ist keine einmalige Kampagne, sondern ein fortlaufender und sich wiederholender Prozess:

- Haben Sie Ihre Social-Media-Profile optimiert, erweitern Sie Ihr Netzwerk ganz systematisch und selektiv nach qualitativen Kriterien.
- Mit Social Listening erfahren Sie, welche Themen und Bedürfnisse Ihre Zielkunden beschäftigen, und können diese Informationen zum einen in der 1:1-Kommunikation mit Ihren Kontakten, Interessenten und Leads verwenden, aber auch für Ihre zielgruppenrelevanten Inhalte – die Sie selbst in verschiedenen Formaten produzieren oder die Sie teilen, kommentieren und liken.
- Auf diese Weise stärken Sie Ihre Glaubwürdigkeit und Reputation als Experte, was Ihnen wiederum die Kommunikation mit neuen Kontakten sowie mit Interessenten und Leads erleichtert.

- Auch diese Kommunikation durchläuft mehrere Phasen und erfordert nicht nur Geduld, sondern auch Authentizität und Professionalität.
- Weil Sie insbesondere die Produktion eigenen hochwertigen Contents und die professionelle Kommunikation mit Kontakten, Interessenten und Leads nicht allein mithilfe quantitativer KPIs erfassen können, müssen Sie auch eigene qualitative Kriterien entwickeln, um den Erfolg Ihrer Social-Selling-Aktivitäten zu erfassen.

Findet Social Selling nur in Social Media statt?

Seite 59

Was bedeutet Social CRM?

Seite 62

Was ist der Social Selling Index (SSI) und was sagt er aus?

Seite 69

3. Besonderheiten des Social Selling im B2B am Beispiel von LinkedIn

Social Selling ist schon längst über Social Media hinausgewachsen, da neue Technologien und Tools wie Social CRM um Social Media herum ein digitales Ökosystem für Vertriebs- und Marketingteams aufgebaut haben, das gern auch als Virtual oder Digital Selling bezeichnet wird. Aber auch die Plattformen selbst rüsten auf. Während beispielsweise Facebook und Instagram ihre Verkaufsfunktionen ausbauen und sich zu zusätzlichen Vertriebskanälen für B2C-Unternehmen entwickeln, bieten Xing und vor allem LinkedIn als Business-Plattformen einige (kostenpflichtige) Funktionen für Vertriebsentscheider und -mitarbeiter, damit sie ihre Zielkunden genauer identifizieren und zielgerichteter ansprechen können.

3.1 Social Selling für B2B-Unternehmen

Immer mehr Entscheider und Führungskräfte informieren sich bereits in Social Media über infrage kommende Angebote und darüber hinaus sind viele Wettbewerber mit ihren (Vertriebs-)Mitarbeitern bereits als Social Seller unterwegs (siehe Kapitel 1.3). Diese Entwicklung hält schon seit einigen Jahren an und wurde von der COVID-19-Pandemie und ihren Folgen wesentlich beschleunigt. Dabei kam es zu einer grundlegenden Verschiebung von analogen zu digitalen Beziehungen zwischen Anbietern und potenziellen Kunden, die auch nach dem Ende der Pandemie Bestand hat, weil beide Seiten verstärkt auf die Vorteile von Remote-Kommunikationslösungen setzen.

Generationenwechsel

Die demografische Entwicklung trägt zu diesen Entwicklungen bei. Die geburtenstarken Jahrgänge der späten 1950er- und der 1960er-Jahre sind in den nächsten zehn Jahren auf dem Weg in den Ruhestand. Damit kommt es zu einem Generationenwechsel: Junge Erwachsene insbesondere der Generation Z drängen bereits jetzt und verstärkt in den nächsten Jahren in den B2B-Vertrieb und -Einkauf, bringen ihre privaten Einkaufsgewohnheiten vor allem vom Social Buying auf Plattformen wie Facebook und Instagram mit und nutzen Videocontent-Plattformen wie TikTok und YouTube als Recherche- und Produktinformationsquellen.

Neues Einkaufsverhalten

Und was tun zum Beispiel junge Einkäufer, die frisch von der Universität kommen oder maximal zwei bis drei Jahre Berufserfahrung aufweisen? Sie müssen sich in ihrem neuen Job beweisen und wollen alles/vieles besser machen – und hinterfragen deshalb auch Lieferantenbeziehungen, die schon seit vielen Jahren eingeübt sind. Sie überprüfen die Social-Media-Präsenz auch dieser Lieferanten:

- Welchen Eindruck macht das Profil des zuständigen Ansprechpartners und anderer Vertriebsmitarbeiter?

- Wie gut passt das Lieferantenunternehmen zu unseren/meinen Werten (Nachhaltigkeit, Diversity, Corporate Social Responsibility etc.)?
- An welchen Punkten lassen sich mit diesen Unternehmen Kosten einsparen?
- Welche anderen Lieferanten bieten sich als Alternativen zu dieser etablierten Geschäftspartnerschaft an?

Clash der Generationen

Kurz: Junge Einkäufer wenden ihre Social-Buying-Erfahrungen in ihren neuen Jobs an und treffen Entscheidungen über die (weitere) Zusammenarbeit mit etablierten Lieferanten anhand anderer Kriterien als ihre Vorgänger. B2B-Anbieter müssen sich auf dieses veränderte Informations- und Einkaufsverhalten einstellen.

Junge Vertriebsmitarbeiter stoßen dagegen eher noch auf althergebrachte Strukturen und Prozesse und werden meist von älteren Kollegen eingearbeitet, die Social Media nicht als Vertriebskanal oder zumindest nicht als Informationsquelle nutzen. Aber mittel- und langfristig wird sich Social Selling auch als Neukundenakquise-Strategie im Vertrieb etablieren.

Neue Selling-Technologien

Social Selling wird auch Virtual Selling oder Digital Selling genannt, weil es sich mittlerweile nicht mehr allein auf Social Media und deren Nutzung beschränkt. Es sind inzwischen viele neue Internet- und Social-Media-Instrumente sowie Vertriebstechnologien entstanden, die Vertriebsteams heute bei der Kundenakquise und -betreuung nutzen. Mithilfe dieser Tools sind B2B-Unternehmen in der Lage, ihren Vertrieb über Social Media strategisch zu planen, zu skalieren und zu messen.

Auswirkungen auf das CRM

Die Bedeutung von Social Media und Social Selling für das Customer Relationship Management (CRM) ist offensichtlich und nimmt zu. Deshalb hat sich auch der Begriff Social CRM etabliert. Als Customer Relationship Management wird die systematische Gestaltung, Dokumentation und Verwaltung der Kundenbeziehungsprozesse von Unternehmen bezeichnet.

Social CRM ist letztlich die Erweiterung dieses „klassischen" CRM um zusätzliche Ressourcen und Funktionen, die Social-Media-Quellen berücksichtigen und Interaktionen zwischen Unternehmen und ihren (potenziellen) Kunden erleichtern. B2B-Vertriebler profitieren also davon, wenn die Ergebnisse von Social-Selling-Maßnahmen direkt ins bestehende CRM-System einfließen und über dieses gesteuert werden können.

B2B-Influencer

Es gibt grundsätzlich zwei Möglichkeiten, wie sich Unternehmen intern für Erfolg versprechendes Social Selling organisieren:

1. Sie definieren (Nischen-)Themen innerhalb der eigenen Branche und bilden Ihre Vertriebs- oder Marketing-Mitarbeiter in diesen Nischen (fachlich) weiter. So können sich diese Mitarbeiter als Experten positionieren, denn

damit lassen sich Entscheider und Buying Center von potenziellen Kundenunternehmen gezielt ansprechen.

2. Sie machen Mitarbeiter aus Forschung & Entwicklung, Produktion, Service etc. zu Ihren B2B-Influencern und statten diese mit den entsprechenden Mitteln und Kapazitäten aus, um sich zumindest zu einem großen Teil ihrer Arbeitszeit auf Social Selling konzentrieren zu können.

Glaubwürdigkeit der hauseigenen Experten

Studien zeigen, dass Fachexperten aus dem eigenen Unternehmen die authentischsten Markenbotschafter sind, weil sie von ihren jeweiligen Gesprächspartnern in Social Media anders/höher eingeschätzt werden als Mitarbeiter, die Corporate Blogs teilen.

B2B-Influencer sind also auch Markenbotschafter und Meinungsmacher und deshalb reicht ihre Fachexpertise allein nicht aus, sie müssen auch persönlich für diese Aufgabe geeignet sein und ihre Standpunkte klar vertreten können.

Social Media haben durch die COVID-19-Pandemie einen enormen Schub bekommen, weil viele Unternehmen ihre Vertriebskanäle und -prozesse zwangsläufig in die Online-Welt verlegen mussten. Führungskräfte und Entscheider nutzen Social Media zunehmend als Informationsquelle, um sich über Produkte, Unternehmen und potenzielle Ansprechpartner zu informieren. All das hat dem Social-Selling-Konzept Vorschub geleistet, zumal nun auch junge Einkäufer und Vertriebsmitarbeiter in den Unternehmen nachrücken und ihre Social-Buying-Erfahrungen stärker einbringen. Zu-

dem gibt es immer mehr CRM- und andere Tools, die für effektive Social-Selling-Maßnahmen professionell einsetzbar sind, die mittlerweile auch über Social Media hinausgehen und ein digitales Ökosystem für Vertriebs- und Marketingzwecke bilden. Unternehmen können auch eigene Mitarbeiter aus Vertrieb, Marketing oder aus Forschung, Entwicklung, Produktion etc. als Fachexperten installieren, um ihre Reichweite zu erhöhen und ihre Marke zu stärken.

3.2 Das bietet LinkedIn für Social Selling

LinkedIn wurde 2002 in Kalifornien gegründet, gehört seit 2016 zum Microsoft-Konzern und ist mit inzwischen über 868 Millionen Mitgliedern auf allen Kontinenten (Quelle: de.statista.com, Stand Juli 2023) und über 58 Millionen registrierten Unternehmen (Quelle: kinsta.com) das weltweit größte berufliche Netzwerk. Aufgrund der Ausrichtung als Karriereplattform eignet sich LinkedIn vor allem für das Social Selling im B2B. Immerhin sind vier von fünf Personen auf dem sozialen Netzwerk Business-Entscheider. Auch deshalb bietet sich LinkedIn hervorragend zur Leadgenerierung an und um sich mit Führungskräften und Talenten der eigenen Branche zu vernetzen.

Erweiterte Funktionen im Premium Account

Neben den kostenfreien grundlegenden Funktionen lassen sich mit einem kostenpflichtigen Premium Account erweiterte Funktionen wie das Anschreiben von Nichtkontakten, Ansichten aller Profilbesuche, priorisierte Anzeigen bei Recruitern etc. nutzen. Für den Vertrieb bietet LinkedIn insbesondere den Sales Navigator und Sales Insight an.

Das LinkedIn-Profil optimieren

Als Social Seller sollten Sie sich mit Ihrem Profil klar positionieren und so aktiv an Ihrem Markenauf- und -ausbau arbeiten. Ihr Profil ist weit mehr als nur Ihre digitale Visitenkarte, sondern vielmehr Ihre Bühne, denn mit einem aussagekräftigen Profil wecken Sie Neugier und Interesse und unterstreichen Ihre Expertise (siehe Kapitel 2.3). Zudem belohnt LinkedIn gut gepflegte Profile mit zusätzlicher organischer Reichweite, denn Ihr Profil ist ein wichtiger Bestandteil Ihres Social Selling Index (SSI, siehe unten).

Vollständiges Profil

Füllen Sie möglichst alle Kategorien Ihres LinkedIn-Profils aus, um Kontakten, Interessenten, Leads und potenziellen Kunden ein vollständiges Bild von sich und Ihrem beruflichen Background zu liefern. Insbesondere mit den folgenden Kategorien können Sie sich ein einzigartiges Profil geben und Ihre Fachexpertise besonders hervorheben.

Slogan

Der Slogan ist der Bereich direkt unter dem eigenen Namen und wichtig für Ihren Netzwerkaufbau und Ihre Positionierung, denn er kann neuen Kontakten den entscheidenden Impuls geben, Ihre Kontaktanfrage anzunehmen oder Ihnen eine zu schicken. Darüber hinaus ist er nicht nur auf Ihrem Profil sichtbar, sondern erscheint bei jedem Ihrer Posts und Kommentare wie Ihr Autogramm:

- Verwenden Sie nicht nur Ihre Berufsbezeichnung, sondern beantworten Sie mit Ihrem Slogan diese beiden Fragen:
  - Wem helfen Sie?
  - Und wie helfen Sie diesen Personen?
- Mit einem Claim oder einer Message betonen Sie, wie Sie andere unterstützen, und sprechen potenzielle Kunden und Geschäftspartner direkt an.

Im Fokus

Nutzen Sie den Bereich „Im Fokus" als Schaufenster für Ihre Expertise, denn diese Kategorie fällt Ihren Profilbesuchern sofort ins Auge und deshalb sollten Sie sie immer ganz aktuell halten: In diesem Profilbereich können Sie zum Beispiel

- wichtige Beiträge und Diskussionen in Ihrem Netzwerk hervorheben und Profilbesucher auf Sie aufmerksam machen,
- auf Events oder interessante Content Pieces verweisen oder
- eigenen Content platzieren, um auf ihn aufmerksam zu machen.

Audio und Cover Story

Unter „Audio" haben Sie zehn Sekunden Zeit, einen kurzen Pitch zu Ihnen und Ihrer Marke einzusetzen. Erzählen Sie beispielsweise, welche Themen Ihre Expertise umfasst und mit welchen LinkedIn-Mitgliedern Sie sich dazu austauschen wollen. So hören Ihre Interessenten und Leads die passende Stimme zu Ihrem Foto.

Mit der Cover-Story im Creator-Modus können Sie sogar noch einen Schritt weiter gehen und sich in einem 30 Sekunden langen Video präsentieren. Insbesondere Ihren neuen Kontakten können Sie sich in Bild und Ton vorstellen, um mit Ihrer Fachexpertise und Ihrer Persönlichkeit einen guten ersten Eindruck zu hinterlassen.

Info

Im Info-Bereich sollten Sie Ihre fachliche und berufliche Expertise darstellen: Für welches Unternehmen arbeiten Sie? Und für welchen Bereich sind Sie verantwortlich? Welche Tätigkeiten umfassen Ihre Aufgaben? Und womit unterstützen Sie andere Unternehmen?

- Orientieren Sie sich dabei am Informationsbedarf Ihrer Netzwerkpartner, aber insbesondere von neuen Kontakten:
  - Was zeichnet Sie in Ihrer Arbeit für andere aus?
  - Worin unterscheiden Sie sich von anderen, die einen ähnlichen Background und vergleichbare Funktionen haben?
  - Was können Ihre Netzwerkpartner und neuen Kontakte von Ihnen erwarten?
- Versehen Sie Ihren Text mit passenden Keywords, die Ihre Netzwerkpartner, Gesprächspartner und Kunden verwenden würden, um Sie zu finden. Denken Sie daran, dass Ihr Text, insbesondere die Keywords, die Sie dafür nutzen, von LinkedIn für seine Suchfunktion genutzt wird.

- Bauen Sie Call-to-Actions ein, damit Profilbesucher Sie direkt kontaktieren oder Sie diese in Ihr Netzwerk einladen können.

Kenntnisse & Fähigkeiten

Die maximal 50 Kenntnisse & Fähigkeiten – davon drei als Ihre Top Skills – benötigen Sie, um sich als Experte zu positionieren. Bitten Sie Ihre Netzwerkpartner, Ihre Kenntnisse und Fähigkeiten zu bestätigen, denn je mehr Ihrer Kontakte, Interessen und Leads dies tun, desto größer schätzt LinkedIn Ihre Expertise ein. Veranlassen Sie daher immer wieder neue Kontakte, Ihre Skills zu bestätigen.

LinkedIn Sales Navigator

Der kostenpflichtige Sales Navigator unterstützt Unternehmen beim Social Selling. Er bietet je nach Umfang des gebuchten Pakets in drei Bereichen folgende Funktionen und Ergebnisse:

1. die passenden Zielunternehmen und -kunden finden:
   - Suchfunktionen zum Finden passender Kontakte, Interessenten, Leads und Unternehmen anhand spezifischer Kriterien wie Ort, Region, Branche, Position und Karrierestufe
   - gezielte Ansprache der Zielunternehmen und -kunden
   - Konzentration auf Entscheidungsträger und passende Gesprächspartner
   - Erstellen und Speichern von Listen mit potenziellen Kontakten, Interessenten und Leads

- Benachrichtigungen über neue potenzielle Kontakte und Interessenten

2. die Reichweite mit personalisierten Kontakten erweitern:
   - personalisierte Lead-Empfehlungen (inklusive gemeinsamer Kontakte oder Kontaktpfade)
   - Echtzeit-Updates zu Kontakten durch Alerts
   - erweiterte Möglichkeiten der Kontaktaufnahme (beschränkte Zahl an Nachrichten auch an Nicht-Kontakte)
3. den Bedarf und die Bedürfnisse dieser Zielkunden verstehen:
   - besseres Verständnis der Pain Points, Wünsche und Bedürfnisse von Leads und potenziellen Kunden
   - tiefere Einblicke in die Entscheidungsprozesse potenzieller Kundenunternehmen
   - aktuelle Informationen über Leads, um diese in Kunden zu konvertieren

Zudem bietet der Sales Navigator tiefgehende Analysen und Reportings, damit Sie Ihre Social-Selling-Performance im Blick behalten, sowie die Möglichkeit, Ihr CRM-System mit dem Sales Navigator über eine Schnittstelle zu verbinden.

Der Social Selling Index (SSI)

Der Social Selling Index kann von jedem Mitglied unter linkedin.com/sales/ssi anhand der eigenen Login-Daten abgerufen werden. Der SSI wird täglich aktualisiert. Wenn Sie also Ihren SSI aufrufen, sehen Sie Ihren SSI-Score in einem Dashbord. Diese Übersicht zeigt Ihnen vier Bereiche mit jeweils maximal 25 Punkten, die Ihre Social-Selling-Performance verbessern können. Die Punkte in jedem Bereich werden zu einem Gesamtscore addiert, der maximal 100 erreichen kann. Dabei erfolgt ein Vergleich mit anderen Mitgliedern derselben Branche (SSI-Ranking der Branche) im eigenen Netzwerk (SSI-Ranking des Netzwerks).

Diese **vier Bereiche** gehen als Komponenten in Ihren SSI-Score ein:

1. **Aufbau einer professionellen Marke:** Der erste Bereich zeigt Ihnen an, ob und inwieweit Sie den Aufbau Ihrer persönlichen Marke auf LinkedIn bereits vorangetrieben haben und wie Sie wahrgenommen werden. An Ihrem SSI-Wert für diesen Bereich können Sie also erkennen, wie gut Sie Ihr Profil im Sinne des Social Selling befüllt und aufbereitet haben.
2. **Gezielte Suche** nach den richtigen Personen mit dem Ziel eines qualitativen Netzwerkaufbaus: Achten Sie darauf, dass Sie die Kontakte, Interessenten und Leads in Ihr Netzwerk bringen, die zu Ihrem Zielkundenprofil passen, insbesondere, wenn Sie Kontaktanfragen erhalten. Ihr Netzwerk wird sukzessiv auch quantitativ wachsen und sich dynamisieren, wenn Sie qualitative Maßstäbe bei der Erweiterung Ihres Netzwerks anwenden.
3. Durch **Einblicke** Interesse wecken: Content und Kommunikation auf LinkedIn. Wenn Sie regelmäßig zielgruppenrelevanten Content posten, teilen und kommentieren, können Sie große organische Reichweiten erzielen und sich mit Ihrer Expertise positionieren. Mit Ihrer Contentarbeit erweitern Sie Ihr Netzwerk zusätzlich mit Interessenten und Leads, denn Sie präsentieren sich ja als kennt-

nisreiche und zuverlässige Informationsquelle (siehe auch Kapitel 2.6 und 2.7).

4. **Beziehungen aufbauen** mit dem Ziel des quantitativen Netzwerkausbaus: Dieser Score bezieht sich auf den quantitativen und stetigen Ausbau Ihres Netzwerks. Hier werden alle Kontaktanfragen gezählt, Ihre eigenen und die, die Sie erhalten haben. Achtung: Schicken Sie zu viele Anfragen raus, die unbeantwortet bleiben, wirkt sich das nachteilig auf diesen SSI-Score aus. Das zeigt sich besonders, wenn Sie LinkedIn als direkten Vertriebskanal missbrauchen und direkt nach Kontaktanfragen ein Angebot hinterherschicken. Das verstößt massiv gegen die LinkedIn-Social-Selling-Etikette und kann dazu führen, dass Sie von diesen Mitgliedern geblockt werden. Außerdem leidet Ihre Reputation darunter. Das wirkt sich nicht nur extrem negativ auf Ihren SSI-Score aus, sondern schränkt Ihre organische Reichweite sehr stark ein.

Auswirkungen des SSI

Der Social Selling Index hat Einfluss auf die Sichtbarkeit Ihres Profils, die organische Reichweite Ihrer Kommunikation und kann sich deshalb zusätzlich auf Ihren Social-Selling-Erfolg auswirken: Ihr SSI-Score beeinflusst die Verbreitung Ihrer Inhalte und Beiträge. Regelmäßige Aktivitäten in diesen vier Bereichen werden von LinkedIn mit überdurchschnittlichen Reichweiten für Ihren Content und Ihre Posts belohnt, sodass Sie Ihre Chancen vergrößern, mehr LinkedIn-Mitglieder kennenzulernen, die Ihrem Zielkundenprofil entsprechen.

LinkedIn Sales Insights

Sales Insights ist im Kern ein Tool für datengestützte Kundensegmentierung. Es eignet sich wegen seiner breiten Datenbasis für die Erstellung von Buyer Personas, um ideale Interessenten bzw. Zielkunden zu identifizieren (siehe Kapitel 2.1). Das Tool „füttert" dann diese Buying Personas mit Echtzeitdaten, sodass seine Nutzer immer auf dem neuesten Stand sind, was aktuelle Informationen über Zielkunden betrifft. Mit den Daten aus Sales Insight können Sie Ihre Social-Selling-Chancen verbessern, weil Sie nicht nur auf enorme Datenmengen zugreifen, sondern auch die Profile Ihrer Zielgruppen – Unternehmen und Kunden – passgenau filtern und schärfen können. Dieses Tool unterstützt Sie dabei, Ihre Interessenten und Zielkunden noch besser zu verstehen und Ihre Social-Selling-Aktivitäten sowie Ihre Leadgenerierung darauf abzustellen. Ein weiterer Vorteil besteht darin, dass die Datensätze nicht mehr zeitaufwendig geprüft und gepflegt werden müssen.

XING im Vergleich mit LinkedIn

XING (2003 gegründet, bis 2006 unter dem Namen openBC) ist im Kern ein soziales Netzwerk, in dem Mitglieder mit ihren beruflichen Kontakten kommunizieren können, um sich selbst als Arbeitnehmer und/oder Experten zu positionieren. Für Vertriebsentscheider und -mitarbeiter ist XING nach eigenen Angaben eine wichtige Plattform für die Kundenakquise und -pflege sowie für die Wettbewerbsbeobachtung.

Um sich erfolgreich als Unternehmen auf seiner Plattform zu positionieren, empfiehlt XING diese **vier Bausteine**:

1. Basics aktualisieren – **Visitenkarte**

- die eigene spezifische Position im Unternehmen angeben (inklusive Branche, Region, Zielgruppe etc.)
- aktuelle Kontaktdaten angeben, um sicher für andere Netzwerkmitglieder erreichbar zu sein

2. **Professionell auftreten**

- passendes Profilbild, das zeigt, wie Sie sich real einem Kunden präsentieren
- beeindruckender Hintergrund: Bilder, Key Visuals, Angebote, Zitate, Schlagworte oder sonstige Statements für diese persönliche Werbefläche nutzen

3. **Erkennbar und auffindbar sein**

- zielgenaue „Ich biete"- und „Ich suche"-Angaben, um für Zielunternehmen und -kunden leichter auffindbar zu sein: dabei kurze, konkrete, präzise und prägnante Keywords für das eigene Angebot und die entsprechende Expertise nutzen
- Soft-Skill-Angaben vermeiden, stattdessen detaillierte Berufserfahrungen angeben

4. sein Angebot ins Rampenlicht stellen: **Portfolio**

- Portfolio-Funktion nutzen, um sich selbst und das eigene Angebot ausführlicher zu erklären und dabei den Platz für Bilder, Texte, Dokumente oder Videos nutzen
- in den Einstellungen festlegen, ob Profilbesucher zuerst das Standardprofil oder das Portfolio sehen sollen – das Portfolio empfiehlt sich, wenn es aussagekräftig ist und verschiedene Medieninhalte nutzt

Pro Business-Funktionen
XING schlägt zudem die kostenpflichtige Zusatzfunktion „Pro Business“ vor, die verbesserte Suchfunktionen (Filter), Informationen über Profile (ohne sichtbare Profilbesuche) sowie das Monitoring von Aktivitäten von Profilen (Kontakte, Interessenten, Leads, [potenzielle] Kunden, Geschäftspartner, Wettbewerber etc.) im sogenannten „Lead-Radar“ bietet. Somit lassen sich zusätzliche Informationen über Kontakte recherchieren, um sie zum passenden Zeitpunkt anzusprechen.

Im Vergleich
XING und LinkedIn liegen im DACH-Raum mittlerweile in etwa gleichauf, was die Mitgliederzahl betrifft – beide hatten Ende 2022 über 21 Millionen Mitglieder (Quelle: de.statista.com, Stand Juli 2023). XING ist eindeutig auf den deutschsprachigen Raum spezialisiert, weshalb Unternehmen mit Zielkunden im DACH-Raum auf jeden Fall auf der Plattform präsent sein sollten – zumindest neben LinkedIn. Für Unternehmen, die sich international aufstellen und deren (Ziel-)Kunden in ganz Europa und in anderen Teilen der Welt zu finden sind, ist LinkedIn wegen seiner vielen Business-Funktionen und Vertriebstools ohnehin die erste Wahl.

Social Selling wird zu einem unverzichtbaren Bestandteil der Marketing- und Vertriebsstrategien vieler B2B-Unternehmen, weil viele Führungskräfte selbst Social Media als Informationsquelle nutzen, eine neue Generation an Einkäufern und Vertriebsmitarbeitern nachrückt, für die Social

Buying zum Alltag gehört, und weil eine digitale Infrastruktur entstanden ist, die die Möglichkeiten für Unternehmen zunehmend erweitern, mithilfe von Social Media Kunden zu gewinnen, zum Beispiel durch Social CRM.

- Unternehmen können zudem B2B-Influencer in Social Media installieren oder mit Fachexperten zusammenarbeiten, um ihre Marke zu stärken und ihre Reichweite zu erhöhen, zumal insbesondere LinkedIn und XING als Business-Plattformen für Unternehmen und deren Mitarbeiter ihr Angebot erweitern, um über sie Kunden(unternehmen) zu gewinnen.
- LinkedIn ist die größte Business-Plattform der Welt und mit seinen vielen Funktionen und Optionen für B2B-Unternehmen mittlerweile ein Muss. So bietet allein schon ein Profil bei LinkedIn Social Sellern viele Möglichkeiten, sich als Experte für spezifische Themen zu präsentieren.
- Zudem können Unternehmen mit kostenpflichtigen Vertriebstools wie dem Sales Navigator und Sales Insight auf einer breiten Datenbasis ihre Zielkunden genauer identifizieren, analysieren und gezielter ansprechen.
- Der Social Selling Index wiederum zeigt an, wo Sie ansetzen müssen, um Ihre Social-Selling-Aktivitäten zu optimieren.
- Auch XING bietet vertriebsspezifische Features und ist für Unternehmen mit Kunden im DACH-Raum interessant.

Inwiefern trägt Social Selling zu Leadgenerierung und -konversion bei?

Seite 77

Welche Risiken gehen Unternehmen ein, wenn sie Social Selling nicht richtig umsetzen?

Seite 83

Was müssen Sie beim Social Selling hinsichtlich des Datenschutzes beachten?

Seite 85

4. Social Selling: Vorteile und Herausforderungen

Aus seiner Grundidee, seinen Zielen, den Unterschieden zu anderen Marketing- und Vertriebskonzepten, seinen Phasen, Prinzipien und (B2B-)Tools lassen sich auch die wichtigsten Vorteile von Social Selling ableiten, die vor allem auf seinem individualistischen Ansatz basieren: jeden einzelnen Kontakt, Interessenten und Lead in Social Media zu betreuen, mit nutz- und hochwertigem Content zu versorgen und so sein Vertrauen zu gewinnen, damit er den nächsten Schritt in der Customer Journey macht.

Social Selling hat aber auch seine Tücken – vor allem wenn (Vertriebs-)Entscheider und Mitarbeiter Social Selling nur als zusätzlichen Vertriebskanal missverstehen und seine Grundidee von der individuellen Beziehungspflege potenzieller Kunden ignorieren. Zudem ist professionelles Social Selling aufwendig und komplex und fordert zeitliche und personelle Investitionen – und dafür müssen Unternehmen und Social Seller bereit sein.

4.1 Welche Vorteile bietet Social Selling?

Während Online- und Social Media Marketing Social Media nutzen, um ihre Werbebotschaften möglichst breit zu streuen – um also über die großen Reichweiten möglichst viele

Zielkunden für die Marken und Produkte von Unternehmen zu interessieren –, gehen Social Seller in die 1:1-Kommunikation mit einzelnen Kontakten, ohne überhaupt die Produkte ihres Unternehmens zu thematisieren – zumindest zu Beginn.

Auf veränderte Kundenansprüche reagieren

Dieser Ansatz, der auf Glaubwürdigkeit und Vertrauensbildung setzt, entspricht den veränderten Kundenansprüchen, die mit der Digitalisierung einhergehen. Kunden sind heute einerseits besser informiert, werden aber andererseits mit einem Vielfachen an Werbebotschaften bombardiert, als das früher über die klassischen Medien Print, TV und Radio der Fall war. Der verstärkte Wunsch potenzieller (B2B-)Kunden, ihre Kaufentscheidungen abzusichern, führt dazu, dass sie sich zunehmend in Social Media über Marken, Unternehmen, Produkte und Dienstleistungen informieren. Social Selling dockt an dieses Bedürfnis an und bietet gegenüber anderen Marketing- und Vertriebskonzepten einige Vorteile für Unternehmen.

Vorteil 1: Social Selling ermöglicht es, die Zahl interessanter und relevanter Kontakte und damit das eigene Netzwerk systematisch zu erweitern.

Unternehmen bzw. ihre Mitarbeiter finden die von ihnen definierten Zielgruppen auf den entsprechenden Plattformen, erreichen also Interessenten und potenzielle Kunden dort, wo diese sich aufhalten und aktiv sind. Mithilfe von hoch- und nutzwertigem Content, der die Zielgruppen anspricht, und über direkte Vernetzungs- und Kontaktanfragen an Interessenten und potenzielle Kunden können Unternehmen und ihre Mitarbeiter ihre Netzwerke effizient erweitern. Und nicht nur das: Sie können auch die Beziehungen zu diesen Interessenten, Leads und potenziellen Kunden einfacher und besser pflegen. Zudem profitieren sie davon, wenn Interessenten und Leads sie in ihren eigenen Netzwerken und Gruppen weiterempfehlen, und das hilft Unternehmen bzw. ihren Mitarbeitern wiederum, leichter neue Kontakte zu Interessenten zu knüpfen.

Vorteil 2: Im B2B können Vertriebsmitarbeiter Entscheider in potenziellen Kundenunternehmen leichter identifizieren und schneller kontaktieren.

Mithilfe von Social-Media-Plattformen wie LinkedIn können Vertriebsmitarbeiter im B2B Entscheider in Zielunternehmen schneller identifizieren und gezielt ansprechen – und ersparen sich den oft langwierigen Aufstieg über die Unternehmensleiter, mal ganz abgesehen von der mühsamen und risikobehafteten Kaltakquise. Mithilfe von Social-Selling-Tools können Vertriebsmitarbeiter noch einen Schritt weiter gehen und Leads finden, die bereits über das eigene Unternehmen, die Wettbewerber und die Branche sprechen. Damit gewinnen Social Seller Zeit, diese wertvollen Kontakte über Social-Selling-Aktivitäten zu pflegen, sie zu Leads zu machen, zusätzliche wichtige Informationen über das Unternehmen zu gewinnen – gerade wenn es sich um komplexe Buying Center in großen Unternehmen handelt – und online oder offline zu Verkaufsverhandlungen und -abschlüssen zu führen. Diese Art der Kundenpflege ist zunächst recht aufwendig, führt wegen der zielgerichteten Kundenansprache letztlich aber zu schnelleren Verkaufszyklen und besseren Abschlüssen.

Vorteil 3: Social Seller verschaffen sich mehr Wissen über die Bedürfnisse und Pain Points ihrer Interessenten und können mit diesem Verständnis einen positiven Einfluss auf Leads und potenzielle Kunden ausüben.
Social Seller können über Social Listening (siehe Kapitel 2.5) und die direkte Ansprache von Interessenten Informationen über potenzielle Kunden sammeln, die zu einem besseren Kundenverständnis führen. Das wiederum erleichtert den Dialog mit Interessenten und Leads, um ihnen eigene Lösungen für ihre Probleme und Anliegen nahezubringen. Es ist immer leichter, mit dem entsprechenden Hintergrundwissen mit Interessenten und Leads zu interagieren.

Partner auf Augenhöhe
Social Selling ist authentischer als andere Marketingmaßnahmen. Unternehmen und ihre Vertriebsmitarbeiter sind glaubwürdiger und können stärkere Beziehungen zu potenziellen Kunden aufbauen, um deren Vertrauen zu gewinnen. So werden aus Vertriebsmitarbeitern (Ansprech-)Partner für ihre potenziellen Kunden – und zwar auf Augenhöhe. Zudem können sie schon durch eine frühzeitige Präsenz und Begleitung den Entscheidungs- und Kaufprozess von potenziellen Kunden beeinflussen.

Schnelle Reaktionszeit
Dieser Informationsaustausch mit Interessenten und ihre Begleitung im Entscheidungs- und Kaufprozess wiederum ermöglicht es, schnell auf besondere Kundenwünsche zu reagieren, denn sie sind ja direkt „am Puls“ ihrer Kontakte. Letztlich kann der Dialog über Social Media dazu beitragen, die Loyalität von Leads und tatsächlichen Kunden – auch nach einem Kauf – zu steigern und zu festigen.

Vorteil 4: Social Selling ermöglicht es, mehr qualifizierte und gezieltere Leads zu generieren, und trägt so zu höheren Konversionsraten bei.
Obwohl der Kreis an Interessenten, potenziellen Kunden und Leads kleiner ist als bei herkömmlichen Vertriebs- und Marketingmaßnahmen, ist die Konversionsrate höher, denn die konsequente Ausrichtung auf die Bedürfnisse, Probleme und Wünsche der Social-Media-Gesprächspartner führt zu besseren Ergebnissen.

So stärkt das Engagement von Unternehmen und ihren Vertriebsmitarbeitern in Social Media ihre Glaubwürdigkeit bei den Interessenten. Leads – also Interessenten, die ein verstärktes Kaufinteresse bekunden und ihre Kontaktdaten weitergeben – können so in den Sales Funnel geführt werden, damit der Vertrieb dann den nächsten Schritt zu konkreten 1:1-Verkaufsgesprächen macht.

Vorteil 5: Social Selling unterstützt Unternehmen und ihre Mitarbeiter dabei, zu attraktiven Marken mit starker Anziehungskraft zu werden.
Mit hochwertigem Content mit echtem Mehrwert für die Zielkunden können sich Unternehmen und ihre (Vertriebs-)Mitarbeiter als Experten für bestimmte Themen positionieren, zum Beispiel durch eigene (Gruppen-)Beiträge und durch das Teilen, Liken und Kommentieren von Beiträgen von anderen Mitgliedern (siehe Kapitel 2.6). Unternehmen und (Vertriebs-)Mitarbeiter stärken auf diese Weise ihre Online-Reputation zu den Themen, die für ihre Interessen, Leads und Kunden relevant sind, und stärken zusätzlich ihre Markenpräsenz.

Die Vorteile von Social Selling liegen vor allem darin begründet, dass es Social Media dazu nutzt, einzelne Zielkunden, vor allem Entscheider und Führungskräfte, zu identifizieren sowie deren ganz individuelle Pain Points, Bedürfnisse und Wünsche kennenzulernen, mit ihnen in Kontakt zu treten, ihr Vertrauen zu gewinnen und sie zu Leads zu machen, die für ihre Angebote und Problemlösungen und damit für Verkaufsgespräche außerhalb der Plattform offen sind. Durch diesen individualistischen Ansatz verlegen Sie die Bedarfsanalyse in die Phase vor der Leadgenerierung und können dann Ihren Leads zügig passende Angebote unterbreiten. So vermeiden Sie die mühsame Kaltakquise klassischer Vertriebsprozesse und kommen nach der Leadgenerierung schneller zu Abschlüssen.

4.2 Herausforderungen für Social Selling

Neben den geschilderten Vorteilen birgt wie bei anderen Marketing- und Vertriebsansätzen auch das Social Selling Risiken und Gefahren, die sich bei einem falschen Verständnis des Konzepts bzw. bei seiner ungeeigneten Anwendung zu großen Nachteilen auswachsen können.

Herausforderung 1: Social Selling ist kein reines Verkaufs-, Werbe- und PR-Instrument

Social Selling verlangt nicht nur konzeptionell, sondern auch und vor allem in der operativen Umsetzung, dass sich Unternehmen und ihre (Vertriebs-)Mitarbeiter Zeit nehmen, um Kontakt zu interessierten Einzelpersonen aufzunehmen und diese Kontakte zu pflegen, also mit interessantem Content zu versorgen – *bevor* diese möglicherweise zu Leads werden. (Vertriebs-)Mitarbeiter, die bei Kontaktanfragen nach dem Prinzip „Quantität geht vor Qualität" vorgehen, die kein Gefühl für nützliche Beiträge und Kommentare entwickeln, kein oder wenig notwendiges Wissen über die für die Zielgruppe relevanten Themen haben, schaden sich selbst und ihrem Unternehmen und schrecken Interessenten und potenzielle Kunden ab.

Managementfehler

Dass (Vertriebs-)Mitarbeiter das Konzept und die Mechanismen des Social Selling nicht verstehen bzw. umsetzen, ist nicht (nur) ihr Fehler, sondern oft genug „im System" begründet. Nämlich dann, wenn das mittlere Management und/oder die Geschäftsführung aus einem falschen Verständnis heraus die Beziehungsorientierung im Social Selling vernachlässigen und stattdessen quantitative Kriterien anlegen, zum Beispiel Quoten allein für die Zahl der kontaktierten Personen in Social Media (siehe Kapitel 2.8).

Herausforderung 2: Social Selling verlangt schnelle Reaktionen

Unternehmen und ihre (Vertriebs-)Mitarbeiter sind mit ihren Profilen und Posts transparent für den gesamten Markt. Lob und Empfehlungen, aber eben auch Beschwerden und Kritik von Usern, Interessenten und potenziellen Kunden werden online schnell publik. Wer nicht richtig und rasch darauf reagiert, wird möglicherweise abgestraft – Interessenten und potenzielle Kunden nehmen Abstand vom Angebot oder lassen sich von Wettbewerbern abwerben, die sich bei Beschwerden und Kritik sofort einschalten.

Die Erwartungshaltung der potenziellen Kunden hinsichtlich der Reaktionszeit von Unternehmen auf Fragen und Beschwerden über Social Media ist enorm, aber auch eine Chance für Unternehmen, dass ihnen die User, mit denen sie in Kontakt sind, tatsächlich am Herzen liegen. Insbesondere bei Beschwerden wird eine Reaktionszeit von unter einer Stunde empfohlen, um so einem kritischen Post und seiner schnellen Verbreitung und einem sogenannten Shitstorm entgegenzuwirken.

Herausforderung 3: Gut geplante Social-Selling-Aktivitäten sind aufwendig und komplex

Viele Unternehmen unterschätzen den personellen, zeitlichen und damit wirtschaftlichen Aufwand für langfristige Social-Selling-Aktivitäten und ihre Komplexität, die für die laufende Aktualisierung eines Profils, für die Produktion von hochwertigem und nutzbringendem Content und vor allem die tägliche Betreuung von Interessenten, potenziellen Kunden und Leads (Kontaktanfragen, Kommunikation etc.) notwendig sind.

Social-Media-Tools wie CRM- und Monitoring-Systeme unterstützen Unternehmen und ihre (Vertriebs-)Mitarbeiter zwar bei ihren Social-Selling-Aktivitäten, aber ihre Implementierung verursacht nicht nur Kosten, sondern führt in der Regel auch zu höheren Fehlerraten in der Bedienung. Daher sind für ihre Einführung üblicherweise Trainingsmaßnahmen notwendig, damit (nicht nur) die zuständigen Mitarbeiter den professionellen Umgang mit solchen Technologien in ihren Arbeitsalltag integrieren.

Herausforderung 4: Datenschutz im Social Selling

Grundsätzlich gilt: Zielkunden dürfen auf der Social-Media-Plattform angesprochen werden, denn Interessenten und Leads, die auf Kontaktanfragen positiv geantwortet oder einem Social Seller selbst eine Kontaktanfrage geschickt haben, bekunden ja ihr Interesse an diesem Kontakt bzw. den Themen des Social Sellers.

Anders sieht es aus, wenn Unternehmen und ihre (Vertriebs-)Mitarbeiter mit einem Lead in den direkten 1:1-Kontakt über E-Mails, Telefon, Videotools, persönliche Treffen etc. treten wollen. Unternehmen müssen den Datenschutz, insbesondere die Datenschutzgrundverordnung (DSGVO) beachten, wenn sie die Leads, die sie über ihre Social-Selling-Aktivitäten generiert haben, auch außerhalb der jeweiligen Social-Media-Plattform nutzen wollen.

Unternehmen sollten sich also bei ihren Social-Selling-Aktivitäten juristisch beraten lassen, am besten von Fachleuten, die auf Medienrecht spezialisiert sind, und alle möglichen Szenarien durchspielen, die bei der Kontaktaufnahme und -pflege von Interessenten, potenziellen Kunden und Leads möglich sind, damit ihre (Vertriebs-)Mitarbeiter in diesen Situationen professionell reagieren können.

Herausforderung 5: Social Selling ist komplexer als andere Vertriebs- und Marketinginstrumente und damit auch schwerer plan- und messbar

User nutzen verschiedene Plattformen unterschiedlich intensiv: Sind sie auf eher privat orientierten Netzwerken wie Facebook und Instagram oft mehrmals täglich aktiv, ist das bei Business-Netzwerken wie LinkedIn und XING eher unregelmäßig der Fall, in der Regel auch weniger häufig. Zudem geben die Plattformen unterschiedliche Regeln vor allem für ihre vertriebliche Nutzung vor. Darüber hinaus werden die Algorithmen, die die Feeds ihrer User steuern, von den Betreibern der Plattformen wie Staatsgeheimnisse gehütet und laufend aktualisiert, sodass Social Seller nie vorhersagen können, ob ihre Posts in den Feeds ihrer Interessenten, potenziellen Kunden und Leads immer ganz oben angezeigt werden. Das wiederum bedeutet, dass die Reichweiten von Social-Selling-Aktivitäten nicht exakt planbar sind.

Diese Faktoren führen dazu, dass die Erfolgsmessung von Social-Selling-Aktivitäten nicht allein anhand quantitativer Kennzahlen möglich und sinnvoll ist (siehe Kapitel 2.8).

Der entscheidende Vorteil von Social Selling gegenüber anderen Marketing- und Vertriebsmethoden liegt darin, dass Unternehmen bzw. ihre Mitarbeiter klar definierte Zielkunden in Social Media genau analysieren sowie mit diesen gezielt in eine individuelle 1:1-Kommunikation gehen.

- In dieser Kommunikation geht es darum, die Probleme, Bedürfnisse und Wünsche potenzieller Kunden zu identifizieren, mit hochwertigem Content die eigene Expertise in diesen Themen unter Beweis zu stellen, die eigene Marke und Anziehungskraft zu stärken, das Vertrauen von Kontakten und Interessenten zu gewinnen und diese schließlich als Leads zu generieren.
- Das macht Social-Selling-Aktivitäten zu aufwendigen, komplexen, zeit- und personalintensiven sowie schwer planbaren Prozessen, deren Erfolgsmessung schwierig ist.
- Entscheider und Führungskräfte in Unternehmen, die Social Selling lediglich als zusätzlichen Vertriebskanal neben den etablierten Methoden und Instrumenten betrachten und auf schnelle Erfolge setzen, verschwenden daher Zeit und Geld.
- Außerdem müssen Social Seller schnell auf Posts von Zielkunden reagieren und die Datenschutzbestimmungen beachten, insbesondere wenn Leads Kaufinteresse zeigen.

Fast Reader

1. Was ist Social Selling?

Es gibt zwar keine allgemeinverbindliche Definition für Social Selling, aber alle Erklärungsversuche sind sich bei diesen zentralen Aspekten einig: Unternehmen nutzen Social Media, um über aktive Beziehungspflege aus Kontakten Interessenten zu machen, aus diesen wiederum Leads zu generieren und damit zu definierten Vertriebszielen beizutragen.

- Social Selling wird für Unternehmen wichtiger, weil User sich zunehmend über Social Media über sie informieren, zu Social Buyern werden und immer mehr ihrer Wettbewerber Social Selling als Vertriebsinstrument nutzen.
- Social Seller stellen die individuelle 1:1-Kommunikation mit einzelnen Kontakten, Interessenten und Leads in den Mittelpunkt des Auf- und Ausbaus von Beziehungen, um das Vertrauen ihrer Gesprächspartner zu gewinnen.
- Social Seller greifen auf Content Marketing, Personal Branding und Influencer Marketing zurück, passen es aber für den Zweck ihrer Interaktion mit Zielkunden entsprechend an: Sie posten hoch- und nutzwertigen Content für ihre Zielkunden, um sich als Experten zu positionieren und so ihre Glaubwürdigkeit und Marken zu stärken.

2. Phasen, Methoden und Prinzipien im Social Selling

Social-Media-Aktivitäten müssen strategisch geplant und konsequent umgesetzt werden und brauchen eine längerfristige Perspektive, um ihre Wirkung zu entfalten. Sie durchlaufen dabei mehrere idealtypische, sich wiederholende Phasen.

- Am Anfang stehen Definition und Analyse Ihrer Zielgruppen, insbesondere von Zielunternehmen und geeigneten Ansprechpartnern, vor allem von Führungskräften und anderen Entscheidern, und die Frage, welchen USP Sie für Ihre Zielgruppen bieten können.
- Diese Zielgruppendefinition und-analyse sowie Ihr USP sind die Basis für die Auswahl der passenden Plattform, auf der Sie als Social Seller aktiv sein wollen.
- Gestalten Sie Ihr Profil aussagekräftig, sodass Ihre Profilbesucher sofort Ihre fachliche Expertise erkennen, und aktualisieren Sie es regelmäßig.
- Erweitern Sie Ihr Netzwerk systematisch anhand Ihres Zielkundenprofils. Nutzen Sie die Möglichkeiten, die Ihnen „Ihre“ Plattform bietet, und gehen Sie dabei streng selektiv vor.
- Mit Social Listening hören Sie (potenziellen) Kontakten, Interessenten und Leads zu: was sie besonders beschäftigt, wie sie über Ihre Branche und Wettbewerber sowie Ihr Unternehmen und Ihre Produkte denken.
- Daraus können Sie viele Informationen ableiten und sich als Experte und Problemlöser präsentieren.

- Mit hochwertigem Content stärken Sie Ihre Reputation als Experte, Ihre Glaubwürdigkeit und damit auch das Vertrauen in Sie als Social Seller. Sie produzieren dafür regelmäßig eigenen Content in unterschiedlichen Formaten und teilen und kommentieren den von anderen Fachleuten und Netzwerkpartnern.
- Die Interaktion mit Ihren Kontakten, Interessenten und Leads durchläuft mehrere Phasen: Erstkontakt herstellen – Dialog starten – Beziehung pflegen – Interessenten zu Leads machen – sich nach dem Kauf weiter mit dem Kunden austauschen. Kommunizieren Sie dabei authentisch, professionell und konsequent.
- Entwickeln Sie qualitative Kriterien, die den Erfolg Ihrer Social-Media-Aktivitäten messen können, um zum Beispiel Ihre Contentproduktion und die Qualität Ihrer Kommunikation zu verfeinern.

3. Besonderheiten des Social Selling im B2B am Beispiel von LinkedIn

Inzwischen ist Social Selling neben den etablierten Instrumenten zu einem unverzichtbaren Teil der Vertriebs- und Marketingstrategien vor allem von Unternehmen geworden, die erklärungsbedürftige Produkte und Dienstleistungen im B2B anbieten.

- Entscheider nutzen Social Media zunehmend als Informationsquelle, um sich über Produkte, Unternehmen und potenzielle Ansprechpartner zu informieren. Nachwuchskräfte mit ihren Erfahrungen als Social Buyer werden in Einkauf und Vertrieb nachrücken und etablierte Methoden hinterfragen.

- Für effektive Social-Selling-Maßnahmen können Sie (CRM-) Tools professionell nutzen, die über Social Media hinausgehen, und ein digitales Ökosystem für Vertriebs- und Marketingzwecke bilden.
- Einige Unternehmen gehen dazu über, eigene Mitarbeiter aus Vertrieb, Marketing oder aus Forschung, Entwicklung, Produktion etc. als Fachexperten zu installieren, um ihre Reichweite zu erhöhen und ihre Marke zu stärken.
- Schon mit einem komplett ausgefüllten und aussagekräftigen LinkedIn-Profil können Sie sich als Experte für spezifische Themen präsentieren und potenzielle Interessenten auf sich aufmerksam machen.
- Kostenpflichtige Vertriebstools wie der Sales Navigator und Sales Insight erleichtern die zielgenaue Identifikation von Kontakten und deren zielgerichtete Ansprache.
- XING bietet mit „Pro Business" vertriebsspezifische Features an und ist für Unternehmen interessant, deren Kunden vor allem auf dieser Plattform zu finden sind.

4. Social Selling: Vorteile und Herausforderungen

Die wichtigsten Vorteile von Social Selling beruhen auf seiner konsequenten individuellen Orientierung an den Pain Points, Bedürfnissen und (Kauf-)Motiven von Zielkunden.

- Mit Social Selling können Sie anhand Ihres Zielkundenprofils Ihr Netzwerk auf „Ihrer“ Plattform systematisch um relevante Kontakte erweitern sowie Entscheider und Ansprechpartner in Zielunternehmen leichter identifizieren.
- Mit eigenem Content und dem Teilen und Kommentieren von Inhalten anderer User positionieren Sie sich als Experte zu Ihren Schwerpunktthemen.
- Sie erfahren über Social Listening und in der Kommunikation mit Ihren Kontakten und Interessenten mehr über deren Bedürfnisse, können sich mit diesen Informationen als kenntnisreicher Ansprechpartner und Problemlöser präsentieren und dadurch Leads genieren.
- Missverstehen Unternehmen Social Selling lediglich als zusätzliches Vertriebs- und Marketinginstrument, ignorieren sie seine Grundidee von der individuellen Beziehungspflege potenzieller Kunden.
- Denn Social-Selling-Aktivitäten sind aufwendige, komplexe, schwer planbare und langwierige Prozesse, deren Erfolgsmessung sich zudem als schwierig erweist.
- Sie müssen schnell auf Posts Ihrer Zielkunden reagieren, um bei negativen Kommentaren und Beschwerden sofort gegensteuern zu können – und bei positiven Beiträgen sofort Feedback zu geben, auch, um Kontakten mit einem spezifischen Anliegen sofort helfen zu können.
- Geltende Datenschutzbestimmungen müssen Sie genau beachten, insbesondere wenn Leads Kaufinteresse zeigen und Sie die Kommunikation auf Social Media in persönliche (Verkaufs-)Gespräche online oder vor Ort überführen wollen.

Die Autorin

Denise Adomeit arbeitete nach der Ausbildung zur Bankfachwirtin als Bezirksleiterin der R+V Versicherung AG, wo neben Neukundenakquise, Versicherungsverkauf und Empfehlungsmanagement auch die fachliche und vertriebliche Aufqualifizierung der BankerInnen in ihrem Gebiet Teil der täglichen Arbeit war. Um ihre große Begeisterung für Vertrieb und Training mit ihrer beruflichen Qualifikation zu verbinden, war sie im Anschluss daran als Corporate Vertriebstrainerin der Provinzial Nord Brandkasse AG tätig. Seit 2021 arbeitet sie als Partnerin und Consultant der Limbeck Group.

www.limbeckgroup.com/team/denise-adomeit/

Quellen

1 We Are Social/Hootsuite: Digital 2022 Germany. Dein ultimativer Leitfaden für die digitale Welt.
Zuletzt geöffnet am 13.10.2023 unter
https://wearesocial.com/de/blog/2022/01/digital-2022/

2 Koch, Wolfgang: Ergebnisse der ARD/ZDF-Onlinestudie 2022. Reichweiten von Social-Media-Plattformen und Messengern.
Als pdf heruntergeladen am 16.08.2023 unter https://www.ard-zdf-onlinestudie.de/files/2022/2210_Koch.pdf

3 YouGov: Social Shopping. Einkaufen über Social Media hat sich zum Megatrend entwickelt. Februar 2023. Als pdf heruntergeladen am 13.10.2023 unter https://yougov.de/consumer/articles/45212-social-shopping-wird-immer-beliebter

4 LinkedIn: State of Sales. Ausgabe: Deutschland 2022. Eine LinkedIn-Studie über die wichtigsten Trends im Vertrieb.
Als pdf heruntergeladen am 17.08.2023 unter https://business.linkedin.com/de-de/sales-solutions/b2b-sales-strategy-guides/the-state-of-sales-2022-de-edition#:~:text=Der%20State%20of%20Sales%20Report%202022%20für%20Deutschland%20–%20in%20diesem,Herausforderungen%20des%20digitalen%20Zeitalters%20anzunehmen

Weiterführende Literatur

Brudner, Emma: The Social Selling Sales Playbook.
Zuletzt geöffnet am 21.07.2023 unter
https://blog.hubspot.com/sales/sales-professionals-guide-to-social-selling

HubSpot/Leadjet: Einführung in Social Selling.
Als pdf heruntergeladen am 17.08.2023 unter
https://offers.hubspot.de/social-selling-guide

LinkedIn: Social Selling – was ist das?
Zuletzt geöffnet am 05.04.2023 unter
https://business.linkedin.com/de-de/sales-solutions/social-selling

Römmelt, Benedikt: Social Selling im B2B. Grundlagen, Tools, State of the Art.
Wiesbaden: Springer Gabler 2021

Schmäh, Marco/von Essen, Tobias: Wie man Social Selling richtig macht. In:
Marke 41, 2.2017. Als pdf heruntergeladen am 28.06.2023 unter
https://www.marke41.de/index.php/archiv/2017

Stacey McLachlan, Christina Newberry: Social Selling Explained: A 2023 Guide
to Social Media Sales.
Als pdf heruntergeladen am 13.10.2023 unter
https://blog.hootsuite.com/what-is-social-selling/

Register